五亩换大奔

新时代中国果业的变革与实践

清扬 著

U0272038

中国农业科学技术出版社

花果飘香

群侠传

纪念"花果飘香"创办五周年

花果飘香

5 年光阴，10 万公里行程
1800 篇文章，1000 万阅读量
中国果业最有影响力的自媒体

扫 码 关 注

联合出品人

（按姓氏笔画排序）

王　涛	王卫国	王琴娣
王春发	尤　光	卢玉金
叶科技	冯绍林	刘　镇
刘东华	孙建勤	李　维
吴小平	吴平柏	邱立军
何明芳	辛宏权	宋豫青
陆其华	陈昌志	陈文轩
枚　青	金联宇	周晓杰
郑桂虎	赵胡华	胡　波
胡志艺	胡晓海	相宇波
顾　品	徐云林	高志红
郭　飞	陶金刚	黄　伟
龚向光	章晓鹤	韩东道
鲁　治	廖桂泉	颜大华

目录

Contents

第一章

产业，是我们的困惑

群雄争霸

前几日，接受一商业老板的咨询，欲在浙东沿海某葡萄产区投资建造600亩*的葡萄园，他讲了很多自己的想法，从智能种植到品牌营销，我都没有兴趣听，只反复强调一句话：现在不是投资果业的好时机！

什么原因？很简单，四个字：产能过剩。

我国苹果、柑橘、梨、葡萄（鲜食）、桃等大宗水果的种植面积和产量均居世界第一。世界上10个梨中有7个是产自中国，世界上2个苹果或桃中有1个是产自中国，世界上4个柑橘中有1个是产自中国……

2015年全国水果生产总面积1.9亿亩，总产量1.7亿吨，人均水果占有量127千克，包括31千克苹果、26.6千克柑橘、13.6千克梨、9.9千克葡萄、9.9千克桃和9.1千克香蕉等，几乎是世界人均水果消费量（65千克）的两倍。即便按照最新的膳食指南标准所推荐的"成年人应该每天吃200～350克水果"，人均一年有73～128千克水果就足够了，除去非成年人部分的影响，我国的人均占有量已经超过这个最高标准，而且这个数据将会在5～10年内持续稳定增长。

如果从消费者的角度看这些数据，我们是幸福的，我们甚至比发达国家的人民更有机会享用价廉物美的水果。但从生产者的角度看这些数据，我们却是悲哀的，我们将面临的竞争与艰难比任何一个国家的果农或种植商都大。

简而言之，中国果业即将进入群雄争霸的战国时代。

在近10年内，我们肯定没有足够的实力在世界果业格局中"与狼共舞"，这也是我们为什么在取消关税后的进口水果面前"节节败退"的原因，我们必须在经历中国

---

*1亩≈667平方米，15亩=1公顷，全书同。

果业的战国时期，完成水果"统一"大业后才有能力与之抗衡。

由深圳百果园牵头发起的"优质果品产业联合会"（简称优果联）就是奔着这个"统一"大业来的。优果联的目标是：20年内，要服务国内外水果基地2 000万亩以上，年销售总额5 000亿元以上，培育100个以上品类品牌，孵化100家以上的上市公司。

很显然，百果园的余惠勇是想做水果行业的"秦始皇"。

想做"秦始皇"的也不止余惠勇一人，陕西的海升集团从2012年开始大举布局水果种植销售领域，在全国各地已经打造了50余个种植基地，总面积近7万亩。欧美的品种，欧美的模式，欧美的装备……让不明真相的吃瓜观众看得惊叹不已。

2016年7月底在中国农业科学院郑州果树研究所举办的一场梨新品种、新技术推荐会上，有来自北京的行内领导提出百果园欲在河北

海升千阳矮砧苹果基地

位于陕西省千阳县的宝鸡海升矮砧现代农业园区建于2012年，占地面积6 000多亩，采用大苗建园、矮砧密植、立架栽培、水肥一体、果园生草、机械作业等现代化苹果种植模式，实现当年见花、次年结果、三年丰产，并从荷兰引进亚洲最先进的全自动光电一体化苹果分拣线和气调贮藏库。

省建立一个梨种植基地，让大家帮助推荐品种和技术模式，我当时就十分疑惑百果园怎么会想起在梨已"泛滥成灾"、好果子只能卖到2元/千克的河北省建基地。

后来在深圳还特意跟余惠勇讲起这个事情，余惠勇告诉我，这个方案最后被否决了。

纵观全国，只有新疆维吾尔自治区（以下简称新疆）、陕西、云南三个地方值得大资本去投资果业的种植领域。新疆，连同甘肃，如西域；陕西，如秦国；云南，如大理，均"民风彪悍"——光照充沛、昼夜温差大，"兵强马壮"——产量高、品质好。

气候资源得天独厚，他们发力，如战国之强秦，华北、华中、华东、华南等地区在大市场流通中根本不能与之相抗衡。

投资生产环节还有一个由来已久的大问题——不可掌控。不像工业，一条流水线就能控制产品的质量。而做果园，大到台风、冰雹、干旱等自然灾害，小到一场雨都能严重影响产品质量，过程中有太多不可掌控的因素，来破碎投资者早期构想的美好前（钱）途。

在这方面，早在2003年就开始涉足种植领域的百果园是深有感触的。余惠勇告诫说，投资种植领域需要有足够的行业积淀，要有雄厚的资金实力，还要有长期的准备，才有可能会获得成功。

才有可能！

咨询我的商业老板拿出一本《品牌农业》的杂志跟我说：我要做品牌葡萄，还列举了杂志中一篇关于修文猕猴桃打造"七不够"品牌的文章。

我在2016年iFresh亚洲果蔬产业博览会广州站活动中见识过"七不够"的雄心壮志。台上做品牌营销的路演者慷慨激昂地说："在不久的将来，中国将只剩下'七不够'和'佳沛'两个猕猴桃品牌。"而其所说的举措只是在今后几年内投入多少个亿做广告宣传，仿佛品牌是可以"吹"出来似的。

在商界，有些品牌的确是靠广告"砸"出来的。比如1997年上市的"脑白金"，没有几个人知道里面是什么东西，有什么功效，但其脍炙人口的广告语"今年过节不收礼，收礼只收脑白金"的广告语家喻户晓，畅销中国近20年。

但是水果不同，水果对人来说是有直接感知的，甜的、酸的、涩的、寡淡的……若是品质上没有优势，再多的广告投入也只是打水漂。

各路专家都说：品牌化是拯救中国果业的唯一途径。真的吗？

我简单把水果产业的发展划分为品种、品质、品牌三个阶段，目前中国果业还

好吃 糖酸度/鲜度/脆度/细嫩度/香味/安全性 是检验水果的首要标准

处于从品种到品质的转型期，在尚未完成品质沉淀这一至关重要的阶段，谈品牌就如同一场烟花秀，炫酷而已。所以，从整体产业来讲，现在谈品牌化似乎还为时过早。

具体到某个企业，若真心想做好一个品牌，现阶段还是把钱"砸"在品控系统的建设上更切合实际。

稳定比偶尔的高品质更重要。

在这方面，我是挺欣赏余惠勇提出的那句话："好吃是检验水果的首要标准。"

那么，以百果园为代表的优质化能挽救中国果业即将面临的困境吗？

一般来说，消费市场是一个正三角形的形态，低端市场最大，中端市场次之，高端市场最小。试想一下，我们如何能够把在最大容量的低端市场中已经饱和甚至过剩的果品，通过整体的品质提升来塞进容量更小的中高端市场？

这显然是不可能的！

好吃是检验水果的首要标准

余惠勇认为，好吃的才是营养的，好吃的才是安全的，好吃的才是生态的，所以，好吃是检验水果的首要标准。而对消费者来说，好吃是一种令人愉悦的享受。对果品的具体分级，百果园是以"好吃"为基础，先针对"好吃"的标准把果品分为四个等级：招牌级（特级）、A级、B级、C级；再根据规格大小分作大、中、小三个等级，两项标准叠加形成12个等级。百果园通过这种创新的分级标准来满足不同消费者的需求，也使得价格层次变得更加清晰。

市场的结局必然是在常规市场中有实力的企业或群体，响应专家们的号召，通过产品的升级和资本的运作，大举进攻已被进口水果占据的中高端市场，在这个本来已经拥挤的市场空间中拼个你死我活。

中国果业的战国时代，最惨烈的不是低端市场，而是大家都寄予厚望的中高端市场。

最后，在"尸横遍野"的中高端市场中存活下来的胜利者将成为统一中国果业的"秦始皇"；或者，最后谁也吃不了谁，谁也当不成"秦始皇"，痛定思痛后，幸存者们坐下来谈合作，搞出类似"优果联"的联合组织，推选实力相对比较强的人来当"武林盟主"。

在这个行业中，稍微有点实力的人都有一个梦——融资上市，有了中国股民的"爱戴"，就能成为一方诸侯。也许，想当"秦始皇"或者"武林盟主"的人不多，但想当"诸侯"或者"掌门人"的人真的很多。

所以无论哪种结局，都必须经过"群雄争霸"的充分市场竞争，淘汰出产能过剩的那部分后才有真正的结局。

中国果业的战国时代，要么在低端市场中苟且偷生，要么在中高端市场中争霸天下。

2016年10月25日

绿鹰草莓君　顾晓明

果园投资三策论
上策不种，中策少种，下策随便种

理由很简单，就是新时代中国果业最核心的关键词——产能过剩。在这种供求关系极其不利的情况下，上策不种是明哲保身，中策少种是激流勇进，下策随便种是奋不顾身——跳坑。除了产能过剩之外，还有一个重要原因是农业生产的特质——不可掌控，农业上所有的预期效益，在这种"不可掌控"的特质面前都显得毫无意义。一场台风、一场暴雨、一场病虫害、一场媒体负面报道引起的市场风波、一次政策调整……都可以把所谓的效益吹得一干二净。虽然浙江绿鹰农业科技有限公司顾晓明说"危机危机，有危就有机"，但绝对不能低估陕西礼泉相宇波说的搞农业最怕的两个不可控：一个是天气不可控，一个是市场不可控。除此之外，上策不种，还有一个重要理由，是工商资本转投农业的胡晓海（浙江新理想农业科技有限公司）的从业感悟：投资农业最大的缺陷是形成不了资产。

兵分两路

最近梨价又跌了，浙江嘉兴市场单果重0.3千克以上的翠冠梨从去年的6元／千克跌到今年的4元／千克。

跌价已经没什么可以大惊小怪了，怪我们种得太多。2016年我国梨的栽培面积1 680万亩，总产量1 930万吨。全世界每10个梨中我们就占了7个。

只要丰收，必跌无疑。

不光是梨，全世界每2个苹果中我们也独占了1个，而且还可以往另外1个苹果上咬上一口。更离谱的是，友好的各国人民还把他们仅剩的那个已经残缺不全的苹果切上一块，不远万里地送到中国，新西兰的、美国的、智利的……

毫无疑问，中国是世界第一的水果生产和消费大国。连中国果业的新秀——大樱桃也已经跃居世界第一，无论面积或产量。

2016年全国果园面积19 225万亩、产量17 480万吨，折算下来，全国人均果园面积0.14亩，人均水果占有量127.2千克。

2017年4月，陕西省统计局发布《2016年陕西省果业发展统计公报》。作为全国第一水果大省，陕西苹果产量占世界的1/7，猕猴桃产量占世界的1/3。

更可怕的是，陕西省的苹果投产面积只占总面积的66%，猕猴桃投产面积只占总面积的61%。也就是说，即便在今后5～10年内不种1棵苹果，不种1棵猕猴桃，陕西省乃至整个中国的苹果和猕猴桃产量仍然会持续高速增长。

另外，外来的"狼"也越来越多，"佳沛"猕猴桃、"都乐"香蕉、"新奇士"橙……

一句话，我们面临的产能过剩问题将会越演越烈，过剩和竞争已经成为中国果业的新常态。

而纵观世界果业的先进生产模式，无论欧美的机械化模式，还是日本的精致化

左）"木美土里"杯中国好苹果大赛陕西赛区总决赛现场
右）第十二届中国陕西（洛川）国际苹果博览会开幕式

模式，都有值得我们借鉴的地方。

"师夷长技以制夷"，我认为中国果业发展应当借鉴世界先进模式，兵分两路，走"省力化"和"精致化"道路。

省力化

2016年波兰苹果的进口在业界引起不小的震动，倒不是因为波兰苹果有多么好，而且因为他们的生产成本之低，完全超乎我们的意料。

2.5元／千克的销售价，靠的是全程的机械化——机械化修剪、机械化疏花疏果、机械化喷药、机械化采收、机械化分级包装……

陕西海升集团的"千阳模式"走的就是这条路，全盘西化，欧美的品种，欧美的机械，欧美的种植模式。

但是，我们似乎没有那么多集中的土地资源和机械化水平来支撑这种以"机械替代人"的作业方式。

在中国的现阶段，我们是走不了欧美的"机械化"道路，我们只能走有中国特色的"省力化"道路。通过简化技术，节约高技术等级的复杂劳动，减少作业量，节约工时来降低生产成本。

比如树形的引进。以苹果和梨为例，中国传统的疏散分层形有主干、中心干、第一层主枝、第二层主枝，层间距多少，主枝夹角多少，每个主枝又要选留几个合适的侧枝，要求上稀下密、外稀内密、大枝稀小枝密，还要处理好树体上部与下部、外部与内膛、生长与结果，主枝与侧枝之间的平衡。

宝鸡千阳海升现代苹果示范园区矮化种植基地。与传统种植模式相比，矮砧苹果具有省肥、省水、省地、省工、结果早、丰产期早等显著优点。

新疆阿克苏的传统苹果树形，果农在登梯采摘

这种就是高技术等级的复杂劳动，没有十几年的磨炼根本"伺候"不了这样的树形。

而欧美现在流行的纺锤形（包括高纺锤形、细长纺锤形等）就是在宽行密株和矮化砧的基础上，把传统的乔化、稀植、大冠转化成矮化、密植、小冠的种植模式。

这种树形不仅适合于"机械化"，同样适合于"省力化"。通过简化修剪技术，减少修剪的工作量和劳动强度来达到"省力化"的目的。

除草和套袋是中国果园最费劳动力的两项工作。因此，变清耕为生草栽培，变套袋为无袋栽培，这都是"省力化"的必由之路。

当然，生草栽培需要一种经济适用的割草机，无袋栽培需要一个适合的优良品种和配套技术，这些都是机械师和育种专家需要努力的目标。

对有一定规模的果园，还可以配置喷药机、翻耕机等小型果园机械以及水肥一体化等配套设备。

总之，走"省力化"道路就是立足大众市场，通过节约劳动力成本来获得效益空间，提高产品竞争力。

左上）罗宾 4W22 乘坐式割草机
左下）哈玛匠 HRC664 履带式果园碎草机
右上）日本丸山 SSA-E501SA 果林喷雾车
下）日本丸山 MFH-P260 果园升降作业平台

果园机械的尴尬

绍兴哈玛匠机械有限公司总经理冯绍林认为，国产的机械
第一考虑能干活，第二看能不能便宜，考虑便宜的话就必
然牺牲了机器的舒适性和可靠性，这是和日本机械最大的
不同。他的想法是，机械是用来减轻劳动力的，而不是增
加劳动负担的。但是因为价格的问题，国内绝大部分农民
对这种进口果园机械还是望而却步的。图为冯绍林在江苏
省无锡市惠山区建勤家庭农场进行进口果园机械演示。

联系电话：158 5798 7532

精致化

这两年跑了不少果园，去的都是一等一的好果园，看品种，看技术，看包装，看营销，看服务……探索"精致化"的发展道路。

走"精致化"道路，首先要使自己的产品从普通水果中脱颖而出。

所谓好水果，无非是"好看、好吃、安全"，核心是"好吃"。

在选择"优良品种"的基础上，种出"好吃"水果的6大要诀包括：多晒太阳、多施有机肥、可控产量、可控环境、生草栽培和完熟栽培。其中，最容易被忽视的是可控环境。

在我尝过的极品水果中，红美人、金霞油蟠、妮娜女王都是种在大棚的可控环境之中。有机栽培最多只能种出"小时候的味道"，但可控环境却能种出"此物只应天上有，人间哪得几回闻"的绝妙感觉。

对精致果园来说，选择"好看 + 好吃"但必须在可控环境下才能种好的"极品品种"不失为明智之举。

任何好种的品种，最终的结局往往都是平庸。

走"精致化"道路，还需要有营销和服务意识，并把两者放在比生产更重要的位置。

你要知道你的消费群体在哪里？如何去吸引消费者的目光？除了果品，你的消费群体还需要什么？

一个观光采摘园，消费者自己驾车到你家果园，花了油钱；自己动手采摘，帮你省了工钱；还花比市场上贵得多的价格买你的水果。消费者图啥？

图的是田园生活的体验，图的是宾至如归的服务。

采摘园不仅是卖果品的，更多的是卖心情的。

总之，走"精致化"道路就是立足小众市场，通过极品品种、细致技术、精美包装来提高产品附加值，通过精准营销、体贴服务来赢得消费者，并以此来获取更多的经济效益。

前小桔创意农园

高高耸立的落羽杉伴随着大片的橘林，英伦花园中参差的狗尾草、矮蒲苇和云烟袅袅的知风草，拱门、花架、篱笆上爬满的丰盛藤蔓，秋日依然繁盛的野花……前小桔创意农场坐落于上海长兴岛郊野公园的西入口，是一家以柑橘为主题的创意体验农场，占地面积360亩。这里原本是上海前卫农场的柑橘种植基地，在设计上采用乡土自然工法，在种植模式上引入了高标准大棚、限根篱壁式避雨栽培、铺设杜邦特卫强反光膜等技术，打造成一个高颜值、有品位、讲科技的精致果园。

品牌化

无论走"省力化"道路，还是走"精致化"道路，最后，殊途同归，都要回到"品牌化"的道路之上。因为品牌建设是果品实现溢价的最佳途径。

褚橙的成功使中国果业的品牌营销风生水起，讲故事、讲情怀、讲包装成为品牌营销的主旋律。

可是，有几个人能有褚时健那样跌宕起伏的精彩人生。故事讲得最好，产品终究还是需要回归产品本身。

车展上，谁会因为模特长得漂亮而选择这个品牌？

美女很美，与车子无关，与水果同样无关。

先有品质，再有品牌。

品牌，必须建立在品质的基础之上。

我曾经问过余惠勇：百果园是如何做品控的？余惠勇以红富士苹果为例，以果皮颜色对应了它的内在品质，招牌级（东方红）是98%以上着色、A级是85%着色、B级是75%着色，分别对应13.5%、13%和12.5%的糖度。

这种方法在科学试验的相关性中是成立的，但却不是绝对的，消费者就有可能买到一个100%着色但糖度（可溶性固形物含量的俗称，全书同）只有12.5%的"中看不中吃"的苹果。

2016年，天天果园的"橙先生"获得亚洲果蔬展年度营销大奖。"橙先生"是天天果园推出的首个自有品牌，引进国际先进的水果无损伤分选设备，根据实测糖度，推出从"11%~14%"的4档冰糖橙产品，并围绕"包甜"进行了一系列的推广。

这不正是中国果业"标准化"最好的切入点吗！

有了"标准化"，"品牌化"才不会拐脚，才能走得长远。

美女很美，但与水果无关

上海前小桔的柑橘无损伤分选系统

如果把世界果业格局比喻成金庸小说中的江湖，欧美果业似少林派，刚健敏捷，机械化模式，练的是外家功夫；日本果业似武当派，以柔克刚，精致化模式，讲究内功修为。

那么，大家先想想，中国果业在金庸的武侠世界中会是哪个门派？

我的答案是"丐帮"。

天下第一帮，虽然人数众多，但在江湖上的地位并不高，没有多少话语权，比不得"少林派"和"武当派"。

而且中国果业还是一个没有帮主的丐帮。在现阶段的"产业化"到"标准化"的发展过程中，中国果业还面临一个重大瓶颈：组织化。

我们有合作社，有合作社联社，有行业协会，但基本上都是有形无实。我见过最好的协会也只是利用关系从财政中要些经费贴补会员单位，"有酒大家喝，有肉大家吃。"仅此而已！

我的期望，也许也是你的期望：

一个义薄云天的帮主，带领众多的丐帮弟子打天下，把中国果业从一个世界果业大国变成世界果业强国。

2017年8月8日

多晒太阳

"万物生长靠太阳"。植物的营养来源于光合作用，太阳就是光合作用的主要能量源。为什么新疆的苹果要比陕西和山东的都甜？关键因素是新疆的日照时数可以达到3 000~3 300小时，而陕西（北部）和山东的日照时数只有2 200~3 000小时。

另外，种植密度和种植方式对水果的品质影响很大，宽行距在为机械留出操作通道的同时，也为太阳光的辐照留出通道，使树体上每一根枝条、每一张叶片、每一个果实都能晒到阳光。研究表明，宽行密株种植模式的光合产物分配到果实的比率为67%，比传统模式提高了10~15个百分点，产量和质量都得到大幅度提升。

多施有机肥

土壤有机质含量是果园土壤肥力的重要指标。土壤有机质可直接为果树生长提供相当数量的营养元素和生理活性物质，与果树产量、果实品质密切相关，是果园能否高产、稳产及优质果品生产的基本条件。所以，从土壤管理的角度看，多施有机肥几乎是提高果实品质的不二法宝。

可控产量

果树的产量和品质取决于叶面积，生产上常以叶果比的合适程度作为评价指标。叶面积如果不足，光合物少，不利于果实品质提高。因此，控制产量是提高果实品质的核心措施。疏花疏果是实现控产目标的一项最直接、最重要的栽培技术措施。

温州蜜柑交替结果技术是将柑橘生产分为结果年和休闲年，在结果年满负荷结果，粗皮大果显著减少，果型小，果皮薄，化渣性好，糖度提升，酸度下降，品质大幅度提高。在休闲年让树体休养生息，树势和营养积累得到恢复。综合产量和效益都有显著提高。

六大要诀

生草栽培

生草栽培不光是省力化栽培的重要措施，也是种出"好吃"水果的关键技术。相比清耕，果园中的草，无论是人工种草还是自然生草，都能为土壤中的微小生物提供宜居环境。而土壤中丰富的微小生物可以改善土质，增加土壤有机质含量，为果树的优质生产提供全面的营养基础。

上海枫锦果蔬种植专业合作社在2017年浙江嘉善姚庄与上海金山枫泾联合举办的黄桃评优活动获得金奖。孙希洲（右1）介绍，桃子"好吃"主要归功于果园中的草，秋季到春季种植红花草，夏季任由杂草丛生，不用除草剂，也不施膨大肥和钾肥，只在秋季施25千克/株的商业有机肥，再加少量复合肥。

可控环境

做农业最大的薄弱环节就是环境的不可控，大到台风、洪水等自然灾害，小到低温、阴雨等气候变化，都能影响果品的产量和质量。所以，如何减少环境的不可控性也是能种出好吃水果的重要举措。尤其在南方多雨的气候条件下，利用塑料大棚等设施营造出一个相对优越而且稳定的"可控环境"，几乎是生产优质水果中所有技术措施的基础。南方葡萄产业的蓬勃发展便是明证。

完熟栽培

果实在成熟过程中，一般可分为未熟、成熟、完熟和过熟几个阶段。其中，完熟阶段是指果实外观内质达到最优状态的时期。市面上绝大多数果品为了贮运方便，或为了抢占市场，往往早采。更有甚者，会采用乙烯利等植物生长调节剂催熟，严重影响果实品质。完熟栽培就是将果实留在树上，待其完全成熟以后再采收的一种栽培方法，可以使果实品质大幅度提高。这种栽培方式在柑橘上应用最多，温州蜜柑、芦柑、脐橙、金柑、柚以及杂柑等柑橘品种均可实施完熟栽培。

温岭高橙的完熟栽培

产业

是我们的困惑

苹果的希望

　　我是南方人，前半生见过苹果树的次数屈指可数。2017年10月忽然心血来潮走了一趟中国苹果万里行，从陕西到甘肃，再从甘肃到新疆，花了20多天的时间。

　　产量最高，出口最多，栽培水平最先进，作为中国水果的老大，苹果现在的处境是比较尴尬的——行情低迷，效益下滑。一路走来，无论种植者还是经销商都在困惑：问题在哪里？出路在哪里？

　　希望又在哪里？

其实，市场的核心问题只有一个：供求关系。

如果供不应求，果品的价格就上涨，就不愁销售，这个时候什么质量问题、安全问题都不是什么问题；但如果供过于求，品质差的会出现质量问题，用药多的会出现安全问题，哪怕是优质有机果品也会出现价格问题。消费者会考量"如何以最少的钱买到最好的苹果？"，这时价格就会跌，先从好苹果开始跌，然后普通苹果不得不跌，差苹果跌无可跌，只能被市场淘汰。

当供过于求愈演愈烈时，普通苹果也会加入被市场淘汰的行列，好苹果也没什么效益，种植者坚持不住，不得不另谋出路，于是苹果就少了，过了几年，供求关系又逐渐恢复平衡，直到又供不应求。于是，价格又涨了。

这是市场的规律，亘古不变。股市如此，果品也如此。

中国苹果产业的发展就经历过这样一轮循环：1997年前一直递增，到1997年种植面积接近4 700万亩，达到顶峰；然后市场反转，从1997—2003年，面积锐减，到2003年只剩下2 650万亩，一下子减掉了2 000万亩；2003—2008年期间一直在低谷徘徊，如同股市中的熊市。

2008年后，苹果产业重新进入发展期，产业进入了"牛市"阶段，中国苹果像中国股市一样呈现"癫狂"状态，到2016年全国苹果种植面积达到3 486万亩，产量4 388万吨，占全国水果总产量的24.2%，人均苹果占有量31.7千克。

苹果首席专家的观点

中国苹果连续10年的年均增幅都在3%～5%，如果按照中国经济6.5%的增长率计算，这个增长率和苹果产量的增幅是同步的。所以，我觉得苹果现在不是太多了，而是处于又一个调整时期，这个调整不是调整总量，而是调整产区区域、品种结构、栽培模式和一二三产业结构。——韩明玉（原国家苹果产业技术体系首席科学家）

上）陕西旬邑的苹果园
左）新疆阿克苏滞销果农

其中陕西省苹果种植面积1 057万亩，产量1 101万吨，占到中国苹果的1/4、世界苹果的1/7。根据陕西省统计局公布的《2016年陕西省果业发展统计公报》，陕西省2016年苹果挂果面积698万亩，只占总面积的66％。这组数据隐藏着苹果更大的危机：今后5～10年，哪怕陕西省不种一株苹果，陕西乃至全国的苹果产量依然会持续稳定的增长。

所以，从目前苹果价格下滑、效益低迷的情况来看，产能过剩无疑是罪魁祸首。

一句话：种得太多了！

对于无序的中国果业来讲，想要解决这个根本问题却是一个被诸多非市场因素干扰的大难题。由于脱贫手段的缺乏，种苹果在西部地区仍然被作为一种有效手段被强行发展。如陕西延安地区就计划在原有300万亩的基础上再发展200万亩，达到500万亩。

其次，由于早些年苹果种植呈现出的较高效益，在其他领域被过剩下来的工商资本也积极投入苹果种植领域。其中最典型的代表就是海升集团。

由于产能不能得到全部释放，已经做到浓缩苹果汁全球销量第一的海升于2012年开始大规模投资种植领域，引进世界先进的种植模式，在全国苹果各大产区兴建了5万余亩看起来非常高大上的苹果基地。

海升最初打的算盘是：发展10万亩苹果，平均亩产5 000千克，平均单价10元/千克，产值50亿。估计也是看到了行业危机，海升放弃了原定的10万亩发展计划，暂时停止了扩种步伐。

与普通果农乔砧大冠的种植方式不同，海升采用的是国际先进的矮砧密植栽培模式：果树攀着支架长、机械顺着行间走、水肥沿着管道滴……让吃瓜群众看得口呆目瞪。海升认为，凭借他们的"机械化部队"应该能很轻松地打败"土八路"的传统种植模式。

专家们也普遍认同这种观点。

专家们还认为，低海拔的苹果适宜区必然会被高海拔的苹果优生区淘汰，所以像陕西延安、甘肃静宁、新疆阿克苏等地仍然可以继续发展苹果。

但现实并不像专家们设想的那么简单。由于缺乏更好的谋生手段，大多数农民并不愿意接受专家们给他们家苹果设定的命运。我甚至从一位陕西礼泉的老农那里听到"五分钱一斤都不砍"的决心。

因为在他那里，没有其他东西可种。

与海升的机械化低劳动力使用相比，农民的自身劳动力成本可以忽略不计。更何况还有矮砧密植栽培模式前期高昂的建园成本与机械购置、维修成本，以及人员管理成本。

这让我想起著名的"陷入人民战争的汪洋大海"那句话。

鹿死谁手，尚未可知!

2017年是我一生中苹果吃得最多的年份。

先是从陕西吃到甘肃，再从甘肃吃到新疆。在新疆阿克苏时，我还客串了一下"木美土里"杯中国好苹果大赛新疆总决赛的评委，一口气尝了50多个阿克苏苹果。

一号苹果"浓甜"、二号苹果"甘甜"、三号苹果"甜酸可口"、四号苹果"酸甜适口"、五号苹果"清甜"、六号苹果"淡甜"……

除了"甜""酸"之外，只剩下"脆"还可以用来评判苹果的内在品质。尝了20个样品之后，我再也分辨不出它们之间的差异，除了特别难吃的。

在阿克苏的苹果产区，越靠近天山，苹果的糖度越高；越靠近市区，苹果的脆度越大。所以阿克苏苹果其实只有中间一溜品质是最好的，能够把富士苹果的甜、

金奖果农

杜民超于2006年在新疆阿克苏红旗坡农场的戈壁荒滩上开出600亩土地种植苹果，2012年秋天每亩苹果园中施下7吨棉籽壳和油渣（棉籽榨油后的残渣），从此之后不再施肥，以水控肥，保持中庸树势，所产苹果红得发紫，香甜可口，糖度都在15%以上，2017年10月20日在"木美土里"杯中国好苹果大赛新疆赛区总决赛中获得冠军。

静宁苹果

如果说大红是性感的，粉红是可爱的，那静宁苹果就是性感和可爱的综合体，性感中带着清纯，清纯中透着性感。在我2017年走过的所有苹果产区中，静宁苹果绝对"艳"压群芳，从而卖出全国最高产地批发价。

脆两大特点融合得最好。

回到家乡后，从全国各地又寄来很多苹果，云南的、山东的、宁夏的、吉林的、河北的、山西的——大致有20几款苹果，其中绝大部分苹果都能够达到优质果的标准，糖度多在14%以上，最高糖度超过19%。

我本来想从这些苹果中选出一款出类拔萃的极品苹果进行推荐，结果却没有结果。无论我还是其他鉴评者都无法旗帜鲜明地挑出一款令人惊艳的极品苹果。因为都是富士，都是那个味，无非更甜一点，或者更脆一点，之间又相差甚小。

倒是后来有人从河北秦皇岛寄来一箱苹果，放着4个品种，分别是：富士、王林、黄香蕉和小国光。这几个品种放在一起品尝倒是很能区分得开：富士甜脆可口，还有回甘；香甜怡人的王林我是第一次尝到，开始的感觉很好，但尝了两次后就腻了；小国光又太酸。最后我居然喜欢上早已被市场淘汰的黄香蕉，绵绵的，酸甜适口，风味浓郁有香气。

回想起中国苹果万里行的旅途中，能留在我记忆中是在海升千阳基地中尝到的完全成熟的红乔王子——鲜艳的红，浓郁的味。

很明显，我已经厌倦了富士的"甜"和"脆"。

广西砂糖橘

在中国的水果版图上，柑橘是和苹果并驾齐驱的。

2016年，全国柑橘种植面积3 751万亩，比苹果还多出265万亩；产量3 765万吨，比苹果少623万吨；人均柑橘占有量27.2千克。

与苹果不同，这两年的柑橘却是产销两旺，效益惊人。据广西日报报道，2017年广西壮族自治区（以下简称广西）荔浦县的版纳村全村72户村民中，砂糖橘收入达百万元以上的超过了30户，惹得广西人民集体"眼红"，广西柑橘更是以年递增50余万亩的速度飞速发展。

在这种疯狂扩种的情况下，砂糖橘的供求天平在2017年已经发生了微妙的转变，行情岌岌可危。但即便倒下砂糖橘，还有广西的沃柑、浙江的红美人、四川的春见和湖北的伦晚等柑橘新秀可以"前仆后继"。

值得考量的是，在相近的面积与产量水平上，为什么苹果"死气沉沉"，而柑橘却"活力四射"？

如果把这个问题追溯到消费者身上，就是喜欢吃柑橘的人要比喜欢吃苹果的人多。这又是为什么呢？

5年前在超市看到的柑橘多是砂糖橘、温州蜜柑、赣南脐橙和琯溪蜜柚，现在却多了许多新面孔，如丑橘（不知火）、粑粑柑（春见）、沃柑等，像红美人、伦晚、中华红这些品种在网上也都卖得非常红火。除此之外，还有金秋砂糖橘、大雅、甘平、晴姬、明日见等品种都被炒得沸沸扬扬。

但苹果还是那个富士，加上少量花牛，啥都没变，倒是多了些销量并不大的进口苹果。

据专家估算，目前我国富士种植面积占全国苹果总面积的70%以上。在我走过的那条北纬35度线上，除了海升的嘎啦、天水的花牛和礼泉用来出口的秦冠外，几乎都是清一色的富士。

在国内所有的大宗水果中，这么高的单品占比是绝无仅有的。

如果说中国柑橘产业是"百家争鸣"，那中国苹果产业一定是"独尊儒家"。

自从董仲舒提出"罢黜百家，独尊儒术"后，儒家独霸中国二千余年，造成后世思想固化，少有长进。

儒家还是那个儒家，富士还是那个富士。

在全球33个苹果主要生产国中，新西兰是公认的世界上苹果行业竞争力最强的国家。除了生产效率、工业基础设施建设和投入、金融和市场等因素外，选育并推广新优品种一直是该国提升苹果市场竞争力的重要手段。

嘎啦、布瑞本、太平洋玫瑰都是世界级的优良品种，近年新开发的爵士、爱妃、皇后红玫瑰、天后、迪万、伊芙等新品种都已经进入国内精品水果超市的橱柜中。

还有一种世界最小的Rockit苹果（火箭果）也凭借果实小、甜度高、口感脆，再加之包装时尚精美、方便携带等优点，成为国内生鲜超市的新宠。

而国内的品种选育只是不断地在富士中选优，选短枝型的，选着色好的，选抗寒的……或者以富士为亲本选育新品种，如西

华硕苹果

阎振立（华硕的选育者、中国农业科学院郑州果树研究所研究员）介绍，与目前早熟苹果主栽品种嘎啦相比，华硕起码有3大优势：首先，果个大，华硕是目前苹果早熟品种中果个最大的，平均单果重242克，而嘎啦的平均单果重只有145克；第二，采前不落果，不像嘎啦那样采前落果严重。成熟后可以在树上多挂20天也没问题，会糖化但不落果；第三，货架期长，在室温条件下放20天，肉质还是脆的。

瑞雪

瑞香红

北农林科技大学选育出的瑞阳和秦脆。

可能个头更大、颜色更红、丰产性更好、抗病性更强，但对消费者的体验来说，还是甜脆的富士味。就像一盘红烧肉，多放了点酱油，少放了点盐。

知乎上有个问题："老婆很漂亮，也是真爱，为什么还是想出轨？"有人回答："天天吃肉，想不想吃蔬菜调剂一下。"

品种多样化，口感差异化，也许就是目前能让日趋低迷的中国苹果产业走出困境最具可操作性的策略。

2018年3月5日

瑞阳

秦脆

维纳斯黄金

柑橘四小龙

有些水果是可以一见钟情的，比如红美人；有些水果则需要日久生情，比如春见（上图）。

从2016年秋天到2017年春天，我已经记不清品尝过多少种类的柑橘。从最早的由良，到最晚的伦晚；从市场上铺天盖地的宫川，到100元一个的甘平。

印象中的No.1，却是春节前别人送的春见（粑粑柑）。

品种源自日本，1979年日本国静冈县果树试验场以清见和F-2432椪柑杂交育成，1996年进行品种登记，正式命名为"春见"。

不久，漂洋过海来到中国，没在沿海落脚，倒是在天府之国——四川"蔓延"开了。

到2月底，春见的口感达到极致，甘甜无酸，完胜同样来自四川的不知火。

不知火也曾是我大加赞许的杂柑品种。同样源自日本，同样是清见和椪柑的后代，同样晚熟，同样以"丑"出名……

10余年前，我在中国农业科学院柑橘研究所第一次尝到不知火时，就被其独特的脆嫩口感所折服。

所里的专家告诉我，不知火最大的问题是品质不稳定，即便在同一株树上，好吃的很好吃，难吃的很难吃，而且外表还看不出来。

春见也有类似问题，时而淡甜，时而甘甜，时而甜酸适口，只是没有不知火那股有时候特别过分的酸。

这对"同母异父"的兄弟引到浙江后，最大的问题从不稳定的甜酸调和变成稳定的酸。

玉环漩门湾湿地公园中有一户农户高接了几十亩的春见，今年第一年投产，倒是硕果累累，果形也大，平均单果重263.5克，平均糖度只有11.9%，有明显的酸味，整体的口感非常不好。

不知火

后来又在上海崇明和浙江衢州尝到当地种植的春见，虽然口感比浙江玉环的有所提高，但整体上都无法与四川的春见相媲美。

江南如此，华南也是如此。于是，冬无极端低温、寡日照的四川盆地就成了这对难兄难弟的风水宝地。

无论春见，还是不知火，都具备顶级鲜食柑橘品种所需的4大品质特征中的3个：风味浓、易剥皮和无籽，除了有香气。

尽管不知火的出道比较早，但由于春见的口感更符合国人不喜酸的特点，已经后来居上，抢了不知火的风头。

今年深圳百果园的春见采购价从春节前的10元/千克，一路高歌，最高涨到28元/千克，已把不知火远远甩在后面。

因为有成熟期上的落差，春见可能不会完全替代不知火，但春见在整个柑橘市场份额中的占比会越来越大，挤压的对象就是不知火。

亩产值7万元的沃柑

林小波于2012年3月种下2万株香橙实生苗，2013年以每芽6元的高价悉数买下中国农业科学院柑橘研究所母本园中沃柑树上的接穗进行嫁接，2014年开始挂果，2015年平均亩产4 000千克以上，2016年3月初已经全部被订购，统货价16元/千克，平均亩产值近7万元，而四年的培育成本每亩4万元，不光收回全部成本，还有不菲的收益。

我第一次尝到沃柑是在2016年的3月，在离云南大理80千米的永胜县片角乡，浙江青田人林小波在那里种下一片面积80亩的沃柑。2013年春种植，2016年便卖出了每亩7万元的高效益，引得众多从业者的"羡慕嫉妒恨"。

除了高效益，沃柑留给我的品质印象仅仅是当季上市柑橘中的优胜者。在那个橘花都开始飘香的季节里，市面上也只有从贮藏库中拿出来的普通脐橙。与它们相比，沃柑在品质上是有明显优势的。

到12月底的时候，在广西平果种柑橘的浙江人谢建国（广西德保鸿盛农业发展有限公司）给我寄了一箱当地刚上市的沃柑。我拿它与纽荷尔（江西）、冰糖橙（湖南）、甜橘柚（浙江）、晴姬和红美人（浙江）做了一次综合品测。

结果是沃柑综合排名第二，仅次于百果园精心打造的冰糖橙。外观名次第一，果形端正，色泽鲜亮；口感名次第四，喜欢的人认为风味浓郁，把它排第一，不喜欢的人认为有异味，把它排最后。

虽然在口感上分歧很大，但这时的沃柑毕竟是离完熟期起码还有2个月的果子，平均糖度已经达到13.5%，实在是可圈可点。

从这时起，我是真正对沃柑刮目相看了。

长达4个月以上的挂树上市期几乎可以横扫整个柑橘界，我开始担忧起广西砂糖橘的霸主地位。

谢建国（右）在茂谷柑园

谢建国告诉我，沃柑在广西的集中上市期是2月份，2017年的产地价是7~11元/千克，平均单价比砂糖橘高出2元/千克，而且丰产性也好，盛果期亩产量可以达到4000千克以上。

林小波说，今年的统货价17元/千克，平均亩产上万斤，平均亩产值近9万元。

更难能可贵的是，沃柑还不像春见等品种一样挑地方，云南适合，广西适合，浙江的大棚里也合适。

我在浙江衢州尝到的大棚沃柑的品质就不亚于云南和广西所产，糖度更是高达16%以上。

2月中旬，谢建国又寄来了广西平果的茂谷柑，外观、大小、果皮、化渣性都跟沃柑相似。由于是初结果树的果实，又未到完熟期，平均糖度只有12.4%，没有给我一个上乘的口感记忆，但从外观可以看出其商品性是非常优秀的。

跟沃柑一样，茂谷柑也有籽，每囊瓣均有1~3粒种子，成为这2个品种在商品性上最大的缺陷。

原产美国的茂谷柑的成名比原产以色列的沃柑要早，无论深圳的百果园还是上海的好果多，进口的茂谷柑一直是热销品种。

这几年与沃柑一样，在广西都是新发展的热门品种。

由于品质性状的相近，加上在栽培性能和挂树性上的不足，预计茂谷柑在未来的发展中是难以匹敌沃柑的。

现阶段还能阻挡沃柑发展势头的，也只有栽培和市场均已十分成熟的老牌品种砂糖橘了。

黄光明（左）在湖北秭归查看伦晚的品质

黄光明（杭州寻味科技有限公司）2017年4月差不多在湖北秭归待了一个月，发了上万斤的伦晚脐橙，下旬的时候也给我寄了1箱。

当打开箱子，第一眼看到这个橙子时，我其实是挺失望的，不光果形小（平均单果重169.2克），长得还很随便。但这个感觉在我尝到第一口时就荡然无存，口感非常好，甜香味很浓。

2017年尝过很多产地的脐橙，包括江西、湖北、湖南、重庆以及鼎鼎大名的美国新奇士橙。

印象最深的是江西寻乌县邝春景种出的纽荷尔脐橙，口感浓甜，风味浓郁，有香气，在6个精品柑橘的口感品测中名列第一，力压百果园的冰糖橙及沃柑、红美人、晴姬等众多新品种。平均糖度在6个品种中同样位列第一，达到14.6％。

伦晚的平均糖度还比这款我尝过最好的纽荷尔高出许多，达到15.9％。而且非常齐整，最高测定值16.8％，最低测定值也有14.8％。

黄光明在这个柑橘季做了4款品种的网上销售，包括四川的春见、湖北秭归的长虹、中华红和伦晚，其中伦晚是销量最大的，复购率也是最高的。

黄光明告诉我，湖北秭归的纽荷尔口感一般，没法跟赣南脐橙相比；但秭归伦晚的品质明显要压过赣南的晚棱（与伦晚是同物异名）。即便在湖北，也只有沿江种植的伦晚品质才好，高山上种植的伦晚水分干，容易枯水。

尽管伦晚在香气和化渣性上有明显优势，但由于伦晚的果形相对较小，黄光明认为在商品性上还是不如赣南的纽荷尔。

黄光明介绍，伦晚大果果渣多，不化渣，还容易枯水。标准果就是65～80果形，最佳的大小是70～75果，香甜、化渣、香气浓郁。

但不管怎么样，仗着4月上市的优势，在这个季节，这款源自澳大利亚、华盛顿脐橙的变异后代无与伦比。

上）临江而建的邓家坡村
中）邓家坡村党组织书记何明国（右）和秭归县柑橘良种繁育中心副主任宋文化
下）伦晚脐橙（左）和红肉脐橙
左）花果同期的伦晚脐橙

脐橙亿元村

2003年春，在华中农业大学邓秀新院士团队的支持下，湖北省秭归县郭家坝镇邓家坡村开始把原来的罗橙改接成红肉脐橙和伦晚脐橙，在三峡库区的小气候环境下可以露地留树保鲜至次年2～6月采收，实现"错峰销售"。经过十余年的品改和发展，目前邓家坡村柑橘种植面积已达到5 000亩，其中晚熟脐橙占85%，红肉脐橙和伦晚脐橙各占一半。2017年，邓家坡村成为秭归首个脐橙亿元村。

从左至右：红美人、晴姬、甘平

红美人，这款源自日本爱媛县的杂柑新品种弥漫着一股贵夫人的气息，甜美，柔弱，矫情，不可理喻……

时而"热情似火"，时而"冷若冰霜"。

2016年，我测得的红美人最高糖度是18.6%，最低的是8.7%。

结果前叶片宽大如手掌，结果后叶片细小如柳叶；果实结得少品质不好，果实结得多树势不好。

至今我还未见过一人或一园能真正掌控红美人。

但红美人在浙江确实红了。

我今年以浙江柑橘为题材写了3篇爆文，每一篇都绕不开红美人。

除了红美人，这些年浙江象山还从日本引进了晴姬、甘平等新品种。

我是在这个柑橘季第一次尝到晴姬和甘平的。晴姬是2016年的12月19日，甘平是2017年的2月19日，两个品种的成熟期刚好相差2个月。

晴姬果形扁圆端正，色泽不艳但非常匀称，口感柔和，甜不浓但无酸，有股清香，似一种江南女子的秀气和内敛美。

也许因为太过内敛，我的同事一致评价，晴姬的品质不如红美人。

同样是"美人"，由于熟期重叠，晴姬的风采完全被红美人所掩盖。

在象山，红美人的售价是60元/千克，晴姬的售价是40元/千克，而且销量远不如红美人。

甘平的外观更加扁平，更加秀美，在柑橘界很难找到其他会与其混淆的品种。不像春见，长得像宫川温州蜜柑的粗皮大果，以致唯利是图的商人会收购一些温州蜜柑的等外果来假冒。

除了漂亮的外观，甘平并没有给我留下什么印象，谈不上好吃，也谈不上难吃，一直到4月10日，我吃最后一个甘平时，才尝出浓甜的口感。

与红美人相比，晴姬在栽培上要容易伺候得多，但甘平也是一个难伺候的主，它的难点在于如何控制裂果。

这3个品种相比较，我还是喜欢"矫情"的红美人，毕竟她能给大家带来"一见钟情"般的惊艳感觉，而且糖度15%以上的红美人确实拥有无核、易剥皮、风味浓和有香味4大顶级鲜食柑橘品种的品质特征。

毫无疑问，春见、沃柑、伦晚和红美人都是目前柑橘产业的热门品种，堪称"中国柑橘四小龙"。

春见、沃柑、伦晚都是晚熟品种，凭借成熟期的优势和相当不错的品质表现成为精品水果店和微商的热销产品，并在大众市场崭露头角。

唯独红美人的上市期恰逢柑橘上市集中期，凭借其"惊艳"的品质特点"杀出重围"，成就最贵柑橘。

在浙江，别人问我种什么柑橘新品种好，我还是推荐红美人。

种春见，比不过四川；种沃柑，比不过广西；种伦晚，比不过湖北。

在浙江种上述晚熟品种，都需要大棚设施。反正都上了大棚设施，何不干脆种极品的红美人。

但放眼全国，这4个品种中，红美人却是最难成气候的。

前几日，徐建国（浙江省柑橘研究所副所长）跟我说，红美人渐一统宇内之势，清扬功不可没。

如果现实真是如此，那我当真"罪不可赦"。

在我心中，红美人是难当大任的。

她甚至不能像春见、伦晚一样偏安一隅，春见可以守四川，伦晚可以守湖北。

如果形不成足够的市场影响力，又种不出极品品质，红美人极可能在热潮过后，因为既不能讨平民欢心，又失宠于高端消费者，被另一个从日本"偷渡"过来的"美人"所取代，从而销声匿迹。

只有沃柑，以其适应性强、容易栽培、产量高、品质好的强大优势，迅速抢占春节及春节后的柑橘市场，成为中国柑橘的另一个主栽品种。

2017年5月30日

沃柑的钱途

2016年，一直在做润滑油生意的郑桂虎开始试水农业，在宾阳县宾州镇承包了600亩的甘蔗地种植柑橘。选种了3个品种——沃柑、砂糖橘和皇帝柑。第二年就发现在宾阳种出来的砂糖橘和皇帝柑都没有优势，只有沃柑是特别好的，除了糖度高、果香味浓之外，基地得天独厚的小气候环境造就了与众不同的"脆"感，2019年一举获得广西晚熟柑橘比赛的金奖。这两年，郑桂虎除了把其余两个品种全部改接成沃柑之外，又陆续拿下周边的1 000亩土地，按照宽行密株机械化作业的方式继续发展沃柑。

联系电话：135 0772 4616

第二章

品种，是我们的选择

品种 是我们的选择

市场的选择

　　众多的消费者组成了国内庞大的果品消费市场。我把这个消费市场简单地分为大众市场和小众市场。

　　大众市场是指生产的果品需要经过经销商走大市场、大流通的道路再分销到消费者手中，特点是：量大、价格实惠，最好是价廉物美；小众市场则主要服务于周边特定人群，包括高档消费、礼品消费、体验消费（观光采摘）等等。

　　在你选择种什么品种前，先得搞清楚你日后的产品是针对大众市场，还是针对小众市场，这非常重要！

大众市场需要什么样的果品？

消费者：大、好看、甜

这个跟我们找对象一样。远远看去，先看个子高不高（果实大不大）；然后走近了，再看长得好不好看（外观美不美）；最后接触后才能感觉到性格好不好（口感甜不甜）。当然，现在找对象有没有钱很重要（价廉物美）。

以葡萄为例。藤稔现在是被各路专家诟病的品种，他们认为这个品种除了果粒大以外，其他品质性状几乎一无是处，不光不会推荐这个品种，自己也不吃。但在大众市场上，这个品种依然还是主流品种，靠的就是"大"。市场上的好藤稔不光要求果粒大，而且果穗也要大，越大越好卖，跟专家推荐的标准穗形完全是两个概念。

我曾经做过藤稔的标准穗形，品质确实大幅度提高，我让经销商尝了一下，他说好吃，但市场不欢迎。

前不久，山东艾维生态农庄给我寄了一箱原生态的海岛苹果，据说以前是做特供用的，品质非常好，但是外观不行，没有套袋的果皮就如同天天风吹日晒的脸，总没有天天待在家中的脸来得细腻光滑。若是把这批苹果运到大市场，估计连寻常苹果的价格都卖不起来。

这依然还是一个看脸的社会，"颜值"很重要！

上）藤稔
中）巨峰
下）红富士

接下去就是要好吃。对大众消费者来说，"甜"字包打天下。但果品的甜味又恰恰与产量，与投入成本（比如肥料的种类）密切相关，生产高品质的果品往往需要降低产量，需要增加投入。因为大众市场还有个"价廉物美"的经济需求，所以真正高品质的果品是不可能卖到大众市场的。

经销商：耐贮运

经销商是大众市场中一个关键的环节，他是联接生产者和消费者之间的枢纽。生产者想的是"我种什么最挣钱"，经销商想的是"我卖什么最挣钱"。在果品的要求方面，经销商与消费者是一条心的，消费者喜欢什么就卖什么。但经销商会比消费者多了一个要求，那就是果品的耐贮运性。

一个典型葡萄品种叫红富士，它跟巨峰是同一时代的品种，又香又甜的品质特点使它很受消费者的欢迎。但经销商不喜欢，因为太不耐贮运了，从种植者手上收购的好葡萄，运到市场基本上没有完整的果穗。消费者喜欢是喜欢，但却不肯花好葡萄的钱来买散粒葡萄。所以，巨峰到现在依然是大众市场的主流品种，而红富士却从来没有进入主流品种行列，早早退出大众市场。

生产者：易种植

首先是要适宜种植。比如大樱桃，南方很多地方都想种，与南方本地的中国樱桃相比，无论是果实品质，还是耐贮运性，都不知道要好几倍。我曾经在四川考察过一个大樱桃种植基地，同行的专家讲了很多，我就说了一句："其他都好，就一个缺点，不会结果。"

所有不以结果为目的的果树品种都是要流氓！

除了能种，还需要容易种。北方的砀山酥梨、雪花梨、鸭梨为什么种植面积还这么大？就是因为这些老品种容易种植、产量高。后来从日本引进的大量新品种在品质上都明显优于老品种，但对栽培管理要求高，沿用传统的粗放型管理方式产量大幅度降低，最后核算下来，新品种也占不了多大优势。

市场：有空间

目前国内果业整体上已经处于一个"供略大于求"的局面，2015年从南到北很多水果都出现滞销卖难的问题。在这个大背景下，选择品种还要考虑市场空间的问题。

滞销、卖难往往只是一个阶段性的问题。比如葡萄尤其是南方葡萄经过近20年的快速发展，从7月份开始，葡萄市场就基本上处于一个供求基本平衡甚至供略大于求的情况，行情低迷，种植效益急剧下降。但云南建水和浙江温岭的葡萄产业却依然蓬勃发展，就因为这2个地方的葡萄成熟期避开了上市高峰期，分别占据了5月份和6月份的全国葡萄市场，而这2个月的葡萄市场依然还处于一个供不应求的行情。

因为季节的限制，尽管中国地域广阔，但仍然没有任何一种水果可以保证一年

左）温岭市滨海葡萄专业合作社理事长陈济林在查看巨峰葡萄的成熟情况

四季都有时令成熟的果品，一般秋季成熟的最多，其次是夏季，而春季和冬季成熟的果实就很少。所以不管任何水果，把成熟期往前移或往后退都会有市场空间。

由于大多数果品都能够贮藏，从而填补后期的市场空间，所以往前移的优势会更大，这就给我们提供了一个"早熟"的品种选择方向。

大众市场还有一个消费习惯的问题。

你千万不要以为种上一个性状表现好的新品种就能畅销。

翠玉是浙江省农业科学院园艺研究所育成的早熟梨优良品种，成熟期早，外观漂亮，货架期长（相对翠冠而言），但在很多地方根本卖不动，因为消费者已经习惯了翠玉的上一代——翠冠灰不溜秋的外表，在他们的认知中，灰不溜秋 = 好吃，潜台词：好看的 = 不好吃，加上翠玉的甜度确实不如翠冠，所以市场反应就不尽人意。

还有葡萄界的鄞红，尽管综合性能要优于巨峰，但在市场上是冒充巨峰卖的，至于其他各种各样的葡萄新品种，你运到市场很可能就是无人问津的。

所以，如果你的目标市场是大众市场，你就不要去追求新品种，更不能种植当地没人种过或者没人种成功过的"新、奇、特"的品种。你就选择那些已经被市场接受的、耐贮运、容易种植的，最好具有更新换代潜力的优良品种，或者还有市场空间的早熟品种，你想办法把这个品种种得比别人大，比别人好看，比别人甜，比别人早，比别人产量高还省工省成本就是最好的挣钱方法。

小众市场需要什么样的果品？

每年圣诞节快来临时，水果超市里就会有一种叫"世界一号"的苹果卖得特别火，而且价格不菲。有一年圣诞节我也想买一个尝尝味道，结果被店家告知如果自己吃的话推荐买富士苹果，害得我不好意思再买了，所以至今还不知道这个世界一号究竟是个什么味。但从店家的反应就可以判断，世界一号的卖点就是特别大，送人特别好看，仅凭这一点，就可以在国内富士一统天下的苹果市场中分出一杯羹来。

柑橘类的种类更多，分类中还专门将柑橘中的"混血儿"单独归为杂柑类。但凡有点奇特的品种基本上都属于此类，前面介绍过的红美人、晴姬、甘平和沃柑都属于杂柑类。更奇特的是，杂柑类中还冒出几个以"丑"为卖点的品种来，不知火在市面上的名字就叫"丑八怪"，后来春见也叫"丑八怪"。当然，敢以"丑"为卖点的品种必然有优良的内在品质作支撑，不知火和春见就是仗着自己"我很丑但是我很美味"的特点才敢叫自己"丑八怪"。

以此类推，小众市场的品种选择就是要有特点：特别大、特别好吃、特别香、特别好看、特别有营养……

由于小众市场一般不需要经销商的中间环节，针对的也大多是周边的消费群体，所以对果品的耐贮运性并无大的要求。没有经销商的小众市场还有一个显著优点，生产者可以直接向消费者介绍品种的特点，使得消费者能有针对性的接受"新、奇、特"的品种。

但是，对生产者来说，品种种植的难易程度却是一个很微妙的选择。一般来说，果实的特别性状都是一种病态性状，往往以牺牲植株本身的健康为代价的，或产量低，或树势弱、或不抗病，或容易裂果，所以栽培管理难度都相对比较大。前面提到的红美人就是一个典型代表。但正因为红美人栽培难度高，我才觉得这个品种值得推荐，如果这个品种容易种，用不了十年就泛滥成灾，那么也就失去了小众市场所需要的特殊性。

所以，特别难种也是一种特别。

当然，特别难种也必须在可以种植的范围之内。而且，你能把它种好！

大众市场和小众市场的品种选择也没有严格的界限，比如大众市场的推荐品种在新产区发展时往往需要立足于当地的小众市场，而小众市场的品种在克服种植、贮运、市场等因素的制约后，同样可以成为大众市场的主流品种。

另外提醒一下选择走小众市场道路的新人，大众市场讲需求，小众市场讲人气。在眼下集团消费、礼品消费大量萎缩的情况下，你的微信朋友圈和手机通讯录的好友人数将决定你是否适合走这条路线，以及你的规模能做多大。

记住：你的朋友圈有多大，你的特色果业才能做多大。

2016年2月16日

最靓丽的指状葡萄

2010年杂交，2011年播种，2013年初选，经过6年3代的观察，已有14年葡萄育种历史的金联宇（乐清市联宇葡萄研究所）又发现了一个优新品种（系），外观像美人指（母本）一样美艳绝伦，口感像金手指（父本）一样香甜可口。取名"葡之梦"。初步认为，这是一个集美貌、口感和香气于一身的特色品种，是指状葡萄品种中的佼佼者，尤其适合产地直销的观光采摘型的葡萄园。

联系电话：133 3690 8522

44

极品品种

　　这几年走得多，别人寄过来让我品鉴的水果也多，也尝到一些以前从来没有吃到过的美味水果，我把其中一些让人难忘的水果称作"极品水果"。

　　江苏省张家港凤凰农业科技有限公司的金霞油蟠就是我尝到的第一个极品水果。这个由江苏省农业科学院园艺研究所（现为果树研究所）选育出的油蟠桃新品种有着其他桃品类所没有的综合风味，有水蜜桃的细腻，有硬肉桃的甜度，有黄桃的香气，有油桃和蟠桃的复合外观……

　　它颠覆了消费者对桃果实的认知，包括外形、内质，以及食用方法。

　　具有颠覆性的品种还有柑橘中的红美人和柿子中的太秋。

　　红美人把柑橘品质中的化渣性推到一个极限，汉成帝曾经以"着体便酥、柔若无骨"来形容赵飞燕姐妹，那么，红美人就是柑橘中的赵飞燕。

　　在柿子界，太秋的品质表现足以秒杀所有的柿子品种。脆和甜是甜柿的固有口感，无非更甜，更脆，但太秋的细和嫩却是破天荒的，这4种口味在味蕾上的愉悦交集，使得太秋的口感完全跳出了柿子的范畴：前期有苹果般的细腻酥脆，后期有哈

最"性感"的葡萄

妮娜女王是日本新育成的四倍体欧美杂交种，亲本为安艺津20号与安艺皇后，是目前欧美杂交种中最优秀的鲜红色、巨大粒品种。张家港市神园葡萄科技有限公司董事长徐卫东用"大、红、甜、脆、香、水"六个字来形容妮娜女王。客观的讲，其他4个特性并不十分突出，大不如藤稔，香不过阳光玫瑰，但"红"和"甜"确实是出类拔萃的，被我誉为最"性感"的葡萄。

密瓜般的浓甜蜜意。

还有一些品种会把水果的美观和美味推到一个新的高度。如在张家港市神园葡萄科技有限公司品尝到的妮娜女王，美艳如电影中风姿绰约的女主角，有触目惊心的美；美味像爱的甜蜜，今生只为与你相遇。

与新品种不同，一些"极品水果"是通过技术改进把常见的品种的品质做到极致。

如在浙江省临海市涌泉镇品尝到的"岩鱼头"蜜橘，品种是寻常的宫川温州蜜柑，40余年的树龄，弱势栽培，把柑橘的糖酸调和做到一种完美。

"测定的糖度并不高，15%左右，但甜得纯正，酸又配合得恰到好处，一分不多，一分不少，是一种非常清澈的甜味。入口良久，吞咽之中依然芬芳……"

而山东烟台守拙园的富士苹果更是让我赞叹不已。

"香、甜、脆、嫩、多汁……这些常规的好吃概念都不足以评价守拙园的苹果。每一次品尝，都是一种愉悦的心理历程。这是一种能吃出快乐的苹果！"

没有柿子味的柿子

太秋是日本于1994年正式发布的甜柿品种，富有的后代。2003年，广西平乐县的廖桂泉从西北农林科技大学引进这个品种，并从当地野生资源中筛选出亲和性强的野柿子作为砧木，解决了太秋与国内常用柿子砧木君迁子亲和力差的问题；2018年开始采用营养钵育苗，进一步解决了太秋移栽成活率低、缓苗期长的问题，为太秋的推广奠定基础。

联系电话：135 1773 1441

种出快乐苹果的秘诀

丛东日介绍：要种出一个快乐苹果，首先要选择通风透光的山地梯田进行种植；其实不用化肥，全部使用有机肥，用豆粕作基肥种出来的苹果会特别好吃；然后不套袋，套袋后的果袋会遮挡掉5张叶片；最后是完熟采收。他注册了2个商标，一个叫"冬后"，另一个叫"雪后"。"冬后"苹果在冬至前后（11月上旬）采收，"雪后"苹果留到小雪前后（11月下旬）采收。

联系电话：186 5352 3925

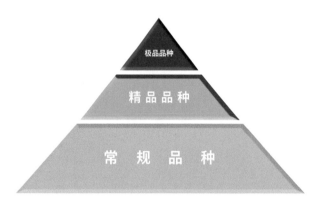

果树优良品种的3个层次：极品品种、精品品种和常规品种

受"极品水果"的启发，我把果树的优良品种分为三个层次：极品品种、精品品种和常规品种。

前面提到的金霞油蟠、红美人、妮娜女王都属于极品品种，这类品种都有着极致品质的共性，而且市面上罕见，吃了以后都会有深刻印象，会有类似"此物只应天上有"的赞叹。

市面上常见的品种，如前面提到的宫川温州蜜柑、富士苹果都属于常规品种，包括柑橘中的纽荷尔脐橙、葡萄中的巨峰和藤稔、桃中的湖景蜜露和锦绣黄桃等，这类品种在市面上占主导地位，也是目前的主栽品种。

精品品种介于极品品种和常规品种之间，品质优于常规品种但没有颠覆性的"变革"，市面上有但不多见，如梨中的苏翠1号。

如果说极品品种是针对小众市场，常规品种是针对大众市场，那精品品种正处于从小众市场向大众市场转化的一类品种，如柑橘中的沃柑，葡萄中的阳光玫瑰。

有些品种，比如阳光玫瑰本身就是曾经的极品品种。

不是说常规品种就不能种出极品水果，前面提到的宫川温州蜜柑和富士苹果都是把常规品种种到极品的事例。

在相同的管理水平下，极品品种有着比常规品种、精品品种更优秀的品质特性。

在相同的市场背景下，极品品种也有着比常规品种或精品品种更高的售价。如凤凰佳园金霞油蟠的售价是100元／千克，象山红美人的售价是60元／千克。

那么，我们是否要选择极品品种来作为新的发展对象，并以此为突破口来实现效益的提升吗？

也对！也错！

植物本身是不需要这么优良的品质性状的。对植物来说，果实的作用只是用来繁殖后代，它的品质性状只是用来吸引动物来取食，帮助它把种子扩散到其他地方。

而人类为了满足自己对美食的欲望，通过杂交选育等手段把果实往"甜、香、嫩、多汁、无籽……"等自己喜好的性状不断改进。这种改进无疑是以牺牲植物其他性状作为代价的，比如生长势，比如抗病性，比如抗逆性。

金霞油蟠，没毛和扁平的性状虽然方便我们食用，但会导致抗病性差、容易裂果、落果等一系列的问题；红美人存在树势弱、抗病性差、果实不耐贮运等问题；妮娜女王至少存在着色难的问题……

这些问题如果在栽培上不能得到有效解决，最后种不出产量，最好的品质性状都是枉然；即便有产量，但如果不能把好的品质性状充分发挥出来，也是徒劳一场。

上个月，就有果农送来的品质平平的红美人遇到放在办公室中无人问津的尴尬。

种植极品品种，就像娶一个极品美女当老婆。你要给她最优越的住房条件（大棚设施），给她最科学的饮食（肥水管理），给她穿最漂亮的衣服（包装），这样她才能光彩照人，让人垂涎三尺（给你带来客源和好的售价）。

如果你要让她跟你一起在果园风吹日晒、日夜操劳，用不着一年，她就成了黄脸婆，与寻常农村妇女并无二致。

大秋甜柿

金霞油蟠

妮娜女王

　　常规品种作为市场上的主流品种，接受过种植和市场的双重考验，是从诸多品种中脱颖而出的优良品种，具备"好看、好吃、好种、好卖"的综合品质。种植风险小，但容易淹没在市场的汪洋大海中。

　　极品品种往往是新培育的优异品种，很容易以无与伦比的品质优势打动消费者，但往往种植难度大。而且，并不是每一个人都能把好水果卖出好价钱的。

　　如果一个新手，茫茫然就去种植极品品种，而且面积又搞得很大，说得客气点属于"高风险投资"，说得难听点那就是"烧钱"。

　　你必须在能种好常规品种和精品品种的基础上，再考虑种植极品品种。

　　所以，极品品种最适合具有丰富种植经验、且有自己营销渠道的精致果园种植。

　　精品品种介于两者之间，品质有优势，市场有空间，种植有经验，属于比较稳妥的方案。尤其对面积较大的新建果园而言。

　　总而言之，决定果品价格的根本在于你是否能种出极品水果，而不是极品品种。

2017年1月3日

2018年卖出16 000元/千克接穗的明日见

新品种的风险
引种新品种其实是一项风险投资

一般来说，育种者是因为看中杂交后代的优点来确定优系，并经过多年多代的观察，认为优点性状突出、遗传稳定之后再命名推广。这些优点包括外观、品质、丰产性、抗病性、商品性、耐贮运性和货架期等，往往优点性状越突出，越容易得到育种者的关注，比如特别漂亮、特别甜、特别丰产、特别抗病、挂树时间特别长；相反，那些表现中庸的、性状均衡的后代就容易被淘汰。因此，新品种的选育是从"优点"入手的，而且一个新品种从杂交育种到推广一般只有几年的时间，在这么短的时间内想全面了解品种缺点是不可能的，再加上品种在各地的适应性，一个品种的缺点其实需要大量的引种者在生产实践中去发现、去克服。所以，从某种意义上讲，引种新品种其实是一项风险投资。如果成功，会有丰厚的回报；一旦失败，那就血本无归。

红美人的诱惑

好的果实，就像秋风中的少女，柔弱，甜美，让人心生爱怜……

红美人就是这样的一个品种。

红美人，日本柑橘品种，登记名为爱媛果试第28号，简称爱媛28。四川在引种过程中错把28看成38，于是将错就错，在四川又有了爱媛38的别称。

南香和天草的后代，1990年杂交，1997年初命名，2002年在日本进行种苗保护登记，仅限爱媛县种植。

当年年初，浙江象山就把这个品种引种到中国。

跟明星的成名一样，初到中国的红美人并不出名，直到十年后才崭露头角，这两年更是大红大紫。

"2002年引进红美人，2008年通过大棚设施栽培实现技术突破，2010年开始商品化生产，价格多在60元／千克，今年春节前后还涨到70元／千克，亩产值10万以上的园子还是挺多的。"时任象山县柑橘产业联盟秘书长的杨荣曦介绍，象山红美人这几年都是以翻番的速度在增长，2016年种植面积已经达到5 000亩，其中投产面积1 000亩，产量100万千克，产值4 000万元。

浙江省温岭市坞根镇的张中林于2014年春从象山引进红美人的接穗，把自家32亩的4年生的温岭高橙全部进行高接换种，年底搭建大棚，其中20亩在2015年进入丰产期，销售价格跟象山一样，也是60元／千克，一共卖了78万元，把前期投入全部收回来了。

第二年就收回全部成本，这对投资柑橘种植来说是非常快的。

这一年，红美人真的红了。

位于温岭市新河镇的万邦斌2013年开始种植红美人，与张中林引进接穗进行高接换种的方式不同，万邦斌是从黄岩购买小苗回来种植的，种了1万多株，60亩面积。

"2013年种植时苗价并不高，买来时只有8元／株，2015年春涨到15元／株，2016年到后期涨到25元／株，还一苗难求。"万邦斌介绍，他的园子2016年光红美人的枝条就卖了800千克，他和张中林两人卖出去的枝条就可供300万苗嫁接，当年整个浙江省起码有1 000万株的红美人苗。

红美人，开始红得发紫。

广西人拼命种沃柑，浙江人拼命种红美人。

上）张中林和他通过高接换种生产的红美人
下）万邦斌和他通过小苗种植生产的红美人

杨荣曦用了"惊艳"和"颠覆"两个词来形容红美人的品质。

"你吃过红美人吗？"杨荣曦问一个朋友。

"可能吃过，也可能没吃过。"朋友答道。

"那你肯定没吃过，吃过你不会记不住的。"杨荣曦肯定地说。

这位朋友尝了红美人后，果然赞不绝口。

几乎所有第一次尝到红美人的人都会有这种"惊艳"的感觉，因为它颠覆了柑橘原有的口感。

入口即化，柔软无渣。

我曾经把红美人比作柑橘中的赵飞燕："着体便酥、柔若无骨"。

2015年我在张中林的园子中尝到红美人时，是给予它很高的品质评价。

但2016年我却对这个品种的品质非常失望。因为不再是第一次，"惊艳"和"颠覆"两个词都无法再重复，从橘子中吃出果冻式的口感并不见得是一件美好的事情。

也许是我这一年尝过太多极品水果的缘故。

在我举行的一场小型的精品柑橘品测中，红美人居然沦落到口感倒数第一，这可是12位大众评审依据自己的喜好得出的结论。

杨荣曦说："如果这是对6个柑橘商品的评判，我无异议；但如果这是对这6个柑橘品种的评价，恐有田忌赛马之嫌。"

确实，这款参加品测的红美人是初结果树上的产品，平均糖度只有12.3%，跟高接换种结出的果子还是有一定差距的。

2015年张中林通过高接换种结出来的红美人平均糖度为14.2%。

我跟杨荣曦说："15%以上才能吃出我所说的'极品水果'的味道。"

"你是专家的要求。"杨荣曦认为糖度13%以上的红美人就能体现出它的品质特点。

2016年，我测过的红美人最高的糖度是18.6%，最低的是8.7%。

徐建国介绍，日本对红美人的上市要求是糖度达到12%，外观无瑕。按照这个标准，日本露地套袋的合格果只能达到40%，而避雨栽培的能达到70%。所以在日本种植一般都采用避雨的方式种植红美人。

万邦斌是采用露地套袋栽培的，外观挺漂亮，但平均糖度只有11%，最高的12.9%，最低的9.3%。

新曙光农业有限公司是温岭市目前红美人种植面积最大的企业，有110亩，大棚设施条件最好，2016年是初结果，平均糖度11.5%。而且外观伤疤挺多。露地栽培的更难看。

公司负责技术管理的张启祥有着30多年的柑橘管理经验，他说："红美人是我接触的所有柑橘品种中抗性最差的一个，容易感染病虫害，吸果夜蛾、柑橘小食蝇、蜗牛、天牛、树脂病都喜欢；容易出现药害，对农药非常敏感，一不小心就会出现药害；容易花脸，在沿海种植风鲜多；容易裂果，多发生在9月份果实进入膨大期的时候。"

同样有着几十年柑橘种植经验的象山橘农邬学芬也对种植红美人有些担心，他主要怕种多了来不及卖。

"果子容易烂，损耗多。"邬学芬说，"红美人价格若保持在30元/千克以上就可以种。"

邬学芬的主栽品种是春香，也是来自日本的一个杂柑类品种。

"春香有特殊的清香味。贮藏性比任何橘子都好，可以贮藏到第二年的五六月份，基本上没有损耗，也容易管理。幼树期先培育树冠让树长大，投产后注意疏果即可。"

邬学芬介绍，春香的亩产量可以达到4 000千克，这几年批发价都在12～14元/千克。小包装卖20元/千克。2016

徐建国认为：最好的品种也只有10年左右的黄金时期，红美人也一样，十年黄金期过后肯定要进入寻常百姓家的。接下去就是品质分化，优质优价，种得好的继续卖高价，品质不好的就要被淘汰。品种品质品牌三个叠加起来就是"百年老店"。图为徐建国在新曙光农业有限公司和张启祥交流红美人的生长特性。

年初，象山遭受严重冻害，邬学芬家100多亩被冻光叶片的春香依旧丰产，平均亩产还有2 500千克。

杨荣曦说，其实春香的缺点很多，比如成熟期晚，外观难看，化渣性差，本来是建议淘汰的品种，就是因为邬学芬的坚持才使得这个品种成为象山红（天草）的替代品种，种植面积也有近2 000亩。

在象山，春香又被称为"象山青"。

与春香的容易管理刚好相反，杨荣曦连续用了3个词句来描述红美人的缺陷：

"难种！"

"非常难种！"

"美人很难伺候！"

早在红美人还没红起来的时候，我陪张启祥在黄岩查看该公司预定的苗木时，苗商递给我一个爱媛28（那时这个品种还没有红美人的"艺名"），我一拿上手，就说了一句话："这个品种估计会很难管理的。"

我都没看到树体。

因为这个果实给我的手感就非常柔软，如同一个细皮嫩肉的千金小姐。我对它的栽培性能表示严重怀疑。

其实红美人在结果前的树势还是挺强的，叶片也宽大，大的叶片犹如手掌；但一旦结果，树势会急转齐下，新发的春梢叶片会变成柳叶大小。

除了对口感的"惊艳"，你还会对她的树势变化之快表示"惊讶"。

红美人又非常"娇情"，果实结得少，品质不好；果实结得多，树势不行。

杨荣曦（右）和顾品（中）在交流红美人的发展前景

张中林的高接园在2015年时一派丰收景象，我们随机测产了一株，300多个果实，上百斤的产量；但在2016年却是一片萧条，树体一整年都没见恢复过来。

新曙光的红美人在2014年定植，枳砧，2015年用枸头橙进行靠接，以增强根系的吸收和抗盐碱能力，稳定树势。2016年开始试投产，平均每株挂果2.5千克，树势尚好，但跟同期种植的另一个品种（鸡尾葡萄柚）相比，无论树势还是产量都相差甚远。

顾品是象山第一批接触到红美人的橘农之一，其父亲顾明祥是把红美人种进大棚并卖出60元/千克的第一人。

他告诉我，种红美人最好不要采用小苗种植，要先种树势强、生长快的尾张温州蜜柑，成树后再高接成红美人，并在基部保留了一层温州蜜柑的枝叶作为营养辅助。

在他的老园子里，我见到已经高接了10多年的红美人依旧生长良好，没有柳叶状的衰退迹象，树冠上层是如日中天的红美人，树冠下层是日薄西山的尾张。

但在他另一块60亩的新园子里，我也看到不少高接3~4年后的红美人植株出现黄化、死亡的现象。顾品早已对这种现象见怪不怪了，他挖除死树，重新种上尾张温州蜜柑，待它们长大后再行高接。

难怪杨荣曦会说，"象山目前的5 000亩面积5年后起码有一半以上要没有了。"

因此，杨荣曦提出了"三不种"建议：没有5年以上种植经验不种，没有大棚设施不种，没有市场不种。

另外，种植面积也不宜过大，一方面是因为红美人不耐贮藏，另一方面因为红美人对栽培管理要求高，面积大不好管理。

毫无疑问，红美人是一个具有优良品质性状的柑橘品种。

我把她列入极品品种的行列。

但我一如既往地对这个品种充满怀疑。先是对栽培性能的怀疑，太难伺候；后是对品质性状的怀疑，良莠不齐；再是对这股发展热潮的怀疑。

在这股热潮中，行外人士比行内人士更具激情。

万邦斌就是其中一位。

2015年一篇媒体报道《农业门外汉种出30元一斤的"土豪橘"》让他成为致富榜样，来自全国各地的想种柑橘发财的人络绎不绝地来到他的果园，或引种，或取经，或寻求合作。

过几天，万邦斌就要飞去贵州，他和毕节某地方政府达成协议，由他提供技术和接穗，对方提供土地和资金，产出五五分成。

"红美人的发展要到2019年才能达到真正的高潮。"万邦斌把今后的发展重点放在红美人的苗木培育上。

张中林2015年春又承包了一块80亩的橘园高接成新品种，他没有告诉我新品种的名字，只是神秘兮兮的跟我说："这个品种比红美人还好。"

后来我从象山了解到，他所说的新品种是象山同期从日本引进的晴姬。

2016年，晴姬的枝条被炒到几千元一斤。

这个价格除了晴姬，还有甘平。

杨荣曦说："在象山同期引进的几个日本杂柑类品种中，目前还没有发现品质综合性状超过红美人的品种，晴姬不同年份的品质表现不稳定，甘平则裂果严重。"

"象山柑橘靠红美人打品牌。"在成立象山县柑橘产业联盟做统一品牌设计以后，杨荣曦计划在2017年成立销售龙头，购买一台无损伤分级机，根据糖酸度和外观瑕疵进行选果。

"我打算把糖度分4档，以11%、13%和15%作为分界，选好以后，极品的卖极品的价格。"杨荣曦踌躇满志地说。

2017年2月14日

阳光玫瑰的历史定位

陕西、河南、江苏、上海、浙江、云南，我这趟阳光玫瑰专线历时2个月，横跨5省1市，已经写了9篇有关阳光玫瑰的文章，连上这篇终结篇，刚好10篇。频率之高、影响之远，无出其右。难怪有读者留言说："这样推波助澜的文章要害死一批人！"

我不客气地回了一句："你别老盯着美女的胸看！"

我所有的文章都是客观描述，即讲优点与成绩，也讲缺点与问题。但有些读者只看到我介绍的效益，却看不到支撑这个效益所必需的技术与投入，更看不到文章中提及的风险和难点，就像一个男人的目光一直注视着女人的胸部，全然不顾周边的险恶环境，最后成了"石榴裙下死的风流鬼"。

怪谁？

我可没鼓动你去种阳光玫瑰。

又有留言说："我们明年也想种阳光玫瑰，苗也定了，不知道以后会怎么样？但是现在也没啥好种的，就赌一把。"后面又跟了一句："农民真的很苦，很无奈！"

陕西

种植者的期望和信心

兴平市农拓葡萄专业合作社的李强投资80万元，新建了20亩的钢架连栋大棚种植阳光玫瑰，同时还把20亩的户太8号高接成阳光玫瑰。他认为：最坏的打算，10年之内阳光玫瑰的价格不会低于10元/千克，按亩产量1750千克计算，亩产值可以达到1.7万~1.8万元，亩效益维持在1万元以上。考虑到阳光玫瑰比较费工，只有小面积才能种出精品果，所以今后的面积就控制在40亩以内。只要把品质做好，是不愁卖的。图为李强（右）在查看新种阳光玫瑰的长势。

河南

阳光玫瑰的技术关键

2012年引进，2013年初结果，2014年国家葡萄产业体系豫东试验站的王鹏和张晓锋根据日本的阳光玫瑰处理方案，设计了多种浓度配方进行试验，最后找到了最佳的配方，并种出了色香味俱全的阳光玫瑰。他们认为，无核化处理浓度要根据树势强弱做适当调整，弱树高浓度处理容易产生僵果和没有香甜味等问题。除此之外，大水大肥也是种好阳光玫瑰的技术关键。图为王鹏（左）和张晓锋在查看阳光玫瑰的果实发育情况。

江苏

适合种阳光玫瑰的人

神园葡萄大世界的徐卫东谈到，大家都在炒作阳光玫瑰，包括经销商热衷阳光玫瑰，说明终端消费者是要这个产品的，所以以后的消费量会不断增大。但是，在大家不断跟风的情况下，有很多人会栽跟斗的，他们茫茫然进入这个领域，技术不掌握，理念不正确，想凭这个品种的名气去挣钱是不可能的。只有那些管理比较精细的，舍得投入的，同时又善于总结经验的人才适合种植阳光玫瑰。图为徐卫东和他以阳光玫瑰为亲本选育的新品系。

120元 / 千克的阳光玫瑰

我所听过的中国葡萄界的人物故事，算云南建水许家忠的最为精彩：1996年入行，2001年落脚建水，2003年引进夏黑，2014年创造中国夏黑产地批发价的最高纪录——42元 / 千克，2018年又创造当年阳光玫瑰产地批发价的最高记录——120元 / 千克。他认为，阳光玫瑰的横空出现，减轻了夏黑的用工和市场压力，使得这几年已经跌入低谷的夏黑起死回生；而阳光玫瑰的未来关键看品质，只要把它种好，销售肯定没问题，云南的优势还是很大的。

以这种心态去种阳光玫瑰真的很危险！很危险！很危险！

就像一个穷人，拿着仅剩的一点资本，要去赌场搏一把。我都不知道如何回复他，总不能说"十赌九输"吧。

我曾写过一篇《哪一类种植者适合种植阳光玫瑰？》，答案是："为种阳光玫瑰而种阳光玫瑰的人就不要种了，若是为种好葡萄而种阳光玫瑰的人是可以种的。"

那些心里老想着能卖几十元一斤，每亩收益十万元，或者打对折五万元也行的新人，就不要兴奋过头了，现实会非常"骨感"的。

看了一眼美人的胸而懊悔终身，这种事划不来！

对我来说，讨论阳光玫瑰是不是好品种？或者能不能发展都已经没有多大意义了。

消费者喜欢它的香甜，种植者喜欢它的高产与不裂果，经销商喜欢它的耐运输与货架期，一个受这三者都喜爱的品种必定是一个有着强大市场竞争力的品种，甚至可以称得上是一个划时代的品种。

从鲜食葡萄产业发展的历程中，也只有巨峰才具有与其相当的产业地位。当然，阳光玫瑰也会像巨峰一样，最后归于平静，走向大众，成为广大消费者喜闻乐见的水果。

至于接下来种植阳光玫瑰能不能挣钱？那就更不值得争论了。跟所有好品种一样，肯定有人挣钱，有人亏钱。

从品种到品质，再到品牌是任何一个品种，甚至任何一个产业必须经历的过程。

而对普通种植者来说，谈品牌太遥远，做好品质才是成败的关键。这也是那些阳光玫瑰种植高手共同的观点。

但我觉得，阳光玫瑰的意义远不止一个品种的成功，而是一个行业形态的改变。

在国内，从来没有一个单品能批量卖出如此高的价格。就像2018年卖出阳光玫瑰最高产地价120元/千克的许家忠说的，一亩地挣一万元是正常的，两万元也是合理的，但一亩地赚10万元是不合理、不可思议的。

那么，是什么造就这种不可思议呢？

单靠一个好品种是远远不够的。

一两万元的亩效益都还是基于传统的农业形态，而阳光玫瑰可以代表一种新的农业形态，一种融合新品种、新技术、新营销的新型行业形态。

这是在浙江雨露空间门店看到的一个水果拼装礼盒，售价658元，5种水果中只有中间2串阳光玫瑰是国产的，其余4种水果都是进口的。浙江雨露空间果品有限公司董事长胡志艺介绍，在其50余家门店的总销售额中，进口水果与国产水果的销售额各占一半。

国产阳光玫瑰包装中的日本元素

我并不赞同刘文豹（深圳阳光庄园采购经理）用"炒"字来形容当下阳光玫瑰行情之火热，这个行情是供求关系下的正常表现，倒是阳光庄园的营销策略不经意间打通了原本被进口水果霸占的国内高档水果的市场通道，从而引发了一场这个行业少有的热潮涌动。

大家都在关注甚至担忧这场热潮涌动可能带来的"践踏"事件，却少有人注意到这场热潮已经打通了与国际高端水果市场接轨的"任督二脉"。在往后的国产水果中，像阳光玫瑰这样的高价位单品将层出不穷，而不是昙花一现的"网红"现象。

而支撑这种高价位单品的品质与品牌意识将不断被强化，引领中国果业走向一个新的高度。而中国果业的未来，也会像阳光玫瑰一样，呈现"两极分化"的态势。

这是中国果业进入新时代后的新特征。

令人尴尬的是，引领这场中国果业转型升级的品种居然是以一种不光彩的手段从日本"偷渡"过来的，而国产阳光玫瑰在香港市场冒充日本"大地之水"等品牌进行销售的现象导致日方的强烈干涉，并引发对中国阳光玫瑰的品种来源的调查。

这个事件就像中兴的芯片事件，中国果业的软肋暴露无遗——没有自主的品种权，就没有走出国门、走向世界的权利。

还有国产阳光玫瑰的品牌与包装设计，都充满着浓浓的日本元素，乍一看，还以为是日本原装进口货。这都说明中国果业品牌化道路依然任重而道远。

但不管怎么样，阳光玫瑰已经让我们看到了国产水果转型升级的曙光，或者是方向标。

2018年10月20日

重庆奔象果业有限公司董事长宋豫青介绍，奔象接下来要走全产业链服务商的道路。这条道路，针对种植户解决了"种难"和"卖难"的问题，针对果品运营商解决了安全优质果品持续稳定供应问题，同时帮政府解决了产业示范带动和产业振兴问题，从整体上降低了产业成本和外来资本进入农业的风险，也为柑橘新品种和新技术的转化提供落地平台。图为宋豫青在查看091无核沃柑。

联系电话：138 2568 3891

开局决定结局

　　"开局决定结局！"在2019奔象果业第一期技术培训会上，宋豫青起码有5次提到这句话，并强调"品种选择是否正确？""苗木是否安全？""建园方式是否科学？"这3大问题就是决定结局的开局。

品种选择是否正确？

　　"一个柑橘好品种的标准是什么？"宋豫青介绍，只有适应一个地方的品种才能成为这个地方的好品种，比如四川的春见很好，但在广西种出来很酸，就不能算是广西的好品种，所以，好品种的标准首先是适应性。

　　另外，好品种需要有市场的前瞻性，要好吃、好看、易剥皮、耐贮运。

　　好吃和好看很容易理解，她举了一组清华大学大数据研究中心针对方便面和美团外卖的调查研究来说明"易剥皮"的重要性。

　　"我们以前的观念是认为美团外卖是因为更新鲜、更营养才导致方便面销量急剧下降的，但是调查的结果却完全出乎大家的意料，美团外卖送到立马就可以吃了，而方便面是要烧开水再去冲泡的，不是营养问题，而是方便性问题，这是未来消费的一个趋势。所以'易剥皮'也是选择品种的一个考量指标。"

　　宋豫青还讲到2019年在水果批发市场发现的一个新现象：批发商会优先选择沃柑，而不是砂糖橘。她与很多果商都聊过原因，果商们认为砂糖橘也好吃，消费者也愿意买，但一批货进来，如果3天批不完，绿霉就起来了，损耗太大就得赔本；但沃柑7天没批出去，也不会亏本。

　　"站在渠道商的角度，他们要赚钱，一定是选择耐贮运的、损耗低的果子，所以，不仅要看未来市场需要什么样的果子，还要看经销商愿意卖什么样的果子，这

也是一个考量的指标——耐贮运性。"

她认为金秋砂糖橘是10月至11月上中旬这一段时间能吃到的橘子中是品质最好的品种，而且比砂糖橘更耐贮运，在广西桂林留树到翌年1月10日，不浮皮，不退糖；2018年在广西南宁祯禧堂基地的091无核沃柑的产量表现也说明这个品种在一定的技术要求下是非常丰产的，而且更抗溃疡病，肉质比沃柑更脆更紧致，而且更早熟。

"091无核沃柑在12月底1月初的时候就可以上市了，在市场同期最好吃的时候我们就把它卖了，不一定要等到品质最好的时候再卖。而且它的采果期非常长，在重庆可以挂果到翌年五六月份，那时候就比澳大利亚进口的沃柑要好吃很多。"宋豫青说。

苗木是否安全?

"品种选对了之后，安全种源的选择就很关键。"宋豫青强调除了黄龙病和溃疡病之外，柑橘裂皮病和碎叶病已经成为制约广西柑橘产业发展的重要病害。她的一位校友曾在2016年3月份种了17万株的沃柑，结果到2017年底就因为碎叶病砍掉了8万株。

"大家想一想，按照我们目前的标准化种植模式，到第三年需要2.5万元／亩的投资，其中苗木的投资只占5%~10%，所以在这里建议大家不要因小失大，一定要选择安全纯正不带毒的种苗，这个是非常关键的。"

宋豫青介绍，奔象果业不仅是金秋砂糖橘和091无核沃柑的中国农业科学院柑橘研究所授权的育苗企业，而且是国内唯一一家自己启动检测体系来做无病毒苗的苗木企业，在重庆拥有400亩的种源圃、600亩的无病毒采穗圃和600亩的育苗基地，创建奔象杂交柑橘研究院对接穗和苗木进行病毒病理跟踪检测，每年的病毒病理检测数量可以达到2万份，确保"以杯苗为主，裸根苗为辅"的柑橘无病毒苗的生产。

"枳壳砧对裂皮病和碎叶病是很敏感的，只有安全的种源才可以在枳壳砧上嫁接育苗。"她强调，无论金秋砂糖橘还是091无核沃柑，枳壳砧的果实品质都明显优于香橙砧，糖度要高1~2个百分点，而且成熟期要提前10~15天。

建园方式是否科学？

重庆奔象目前在全国已经拥有2 000多亩的标准化生产基地，分布在云南、广西、重庆、江西和湖南。现场供大家品尝的091无核沃柑就是来自广西南宁市隆安县的祯禧堂基地，2016年3月份定植，枳壳砧的裸根苗，2018年开始挂果，3年生树体平均株产

柑橘界的扛把子

我是2018年12月初第一次看到和尝到091无核沃柑，是在广西省南宁市隆安县丁当镇的祯禧堂基地，3年生树体的结果状让我感觉震撼，如果不是用竹竿撑着，整个树体都会被果实压趴在地上，那有我原来听说的坐果和产量问题。相反，倒是存在坐果过多、产量过高的问题。至于品质，没话说。12月初的糖度并不高，只有12%左右，但口感已经很好。我连续吃了5个，有点停不下来的感觉。于是我在微信朋友圈中发了这么一句评价：找到一个柑橘界的扛把子，综合性状无以伦比。图为重庆奔象果业有限公司销售总监高武在查看091无核沃柑。

联系电话：138 7719 1034

整地

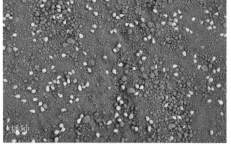
播种

采穗

嫁接

单枝独干苗

容器苗根系

在50千克以上。采用的方式是宽行密株、起垄栽培的种植模式。

"决定柑橘品质有3大因素，第一个是品种，第二个是砧木，第三个是建园方式。尤其是今年我的感受最深了，2018年降水量非常多，沃柑在平地种植的都出现了烂根和海绵层蓝变现象，但是起垄栽培的就没有出现这些问题，而且起垄和不起垄的糖度差不多相差1度。起垄和不起垄真的差别很大，我建议大家都起垄栽培。"宋豫青说。

宋豫青最后总结道：开局决定结局。品种选对了没有？苗木是否安全？建园建好了没有？这就是开局。另外柑橘产业的健康发展要从无病毒苗开始，不要因为种苗的问题，刚种下去还不到两年就得砍树了，这个损失太大了。

"做农业不容易，少走弯路，少走错路，认准方向，你一定能够赚钱。"

2019年2月24日

第三章

产区，是我们的优势

优势品种 + 优势产区

  2018年11月我到重庆的时候，中国花海联盟常务理事、四川省园艺商会常务副会长陈昌志（上图左）"慕名而来"。他原来主营樱花苗木，规模在国内也是数一数二的，挣了不少钱。近几年苗木市场萎缩，就想着转投果园，先是在四川巴中种了2 000亩的樱桃搞采摘，觉得"不过瘾"，又计划在内江拿下5 000亩的土地准备种柑橘。

  找我的目的就是想咨询一下"种什么品种最挣钱？"

  我一直不看好这种大手笔投资果园。曾经有农业企业希望我能帮助做几万亩的果园规划，我没答应，只是给了一个三策论：上策不种，中策少种，下策随便种。

  理由很简单：产能过剩。根据2016年农业部统计年鉴，全国果树种植面积19 225万亩，产量17 480万吨，人均水果占有量127.2千克，这还不包括瓜类、草莓等草本水果，而且西部地区为了"脱贫攻坚"，还在拼命种水果，接下来的下场只有一个——烂大街。

  2017年南丰蜜橘就开始烂大街了。这几天砂糖橘产区警报连连，政府红头文件一个接一个，要求果农不要惜售，要求各个部门配合做好销售工作。就这么大的市场，种了这么多，结局可想而知。

这不是红头文件能救得了的。有人跟我开玩笑说：现在能救果业的只有自然灾害了。我觉得这句话特有道理，2018年春天那场特大冻害就给日渐沉沦的苹果行情注了一针强心针。

如果没有大的自然灾害，我预测2019年几乎所有的大宗水果都会遭受如柑橘一样的行情滑铁卢。

所以，上策不种，是基于大众市场已经产能过剩的现实考虑。

差不多在同一时间点，山东蓬莱种苹果的胡波告诉我，百果园正在他那里寻找不套袋零农残的合作基地，问我可不可行？我问定价如何，能不能达到普通苹果的两倍或三倍？他说价格跟套袋苹果是一样的。

"那去他 × 的！"我回得很粗鲁。

我告诉胡波，在蓬莱种苹果其实很简单：选择响富、烟富8、众城1号这些外观漂亮、商品性优异的优势品种，把产量和优质果率做出来，就可以跟其他产区随便"玩玩"。

什么是优势品种？

在苹果界，富士就是优势品种。

在它引进之前，国内苹果还是"百花齐放、百家争鸣"的局面，虽然那时的品种不多，但国光、黄元帅、秦冠等品种都有一席之地。自从富士引入国内后，便以其品质优良、耐贮运好、货架期长等良好的商品性席卷整个苹果界，最后"一统江湖"，成为中国苹果产业绝对的主栽品种。

左）烟台现代果业发展有限公司的烟富8（右）和烟富3的色泽对比
右）在"木美土里"杯2018中国好苹果大赛山东赛区总决赛中获得冠军的响富

相比原来烟富3、长富2号等富士主栽品种，目前山东几家苗木企业在主推的几个富士芽变品种在外观着色和商品性上有了明显的提升，在市场上有压倒性的商品优势，除了价格能比常规富士高出一截外，这两年在"木美土里"杯中国好苹果大赛上也表现得非常出类拔萃。

它们就是富士这个优势品种中的优势品种。而胡波所在的山东蓬莱恰好又是国内苹果数一数二的优势产区。

我跟胡波说：如果像山东蓬莱和甘肃静宁这样的优势产区种这样的优势品种还不挣钱，那其他苹果产区早就玩完了。

非优势产区才需要玩花样。

我带陈昌志先去了趟中国农业科学院柑橘研究所，毕竟在重庆还有这么一家国家级的柑橘科研机构。见了两位专家，其中，育出金秋砂糖橘的曹立跟我的观点相符：必须要在竞争之中寻找处于优势地位的品种。

最后，曹立向陈昌志推荐了091无核沃柑。

这个品种我早有耳闻，沃柑的第二代品种，在原产地以色列差不多已经完全替代沃柑了。

沃柑在我心目中就是一个柑橘界的优势品种，我曾把它列为中国柑橘四小龙之首。

所有优势品种都有一个共同特点——商品性突出——外观优美、品质优良、耐

左）第三届广西柑橘大会上的沃柑
右）重庆奔象在大会上展示了091无核沃柑

贮运、货架期长，说白了就是能讨经销商的欢喜。好看好吃，等于好卖；耐贮耐运耐放，等于损耗少。叠加起来就容易挣钱，越能挣钱就越要进货，从而催动种植端的发展，就成了优势品种。

短短4年，广西的沃柑就从原来的800亩迅速发展到200万亩。不管接下来的行情如何，沃柑毫无疑问地成为柑橘界的优势品种。

与有核的沃柑相比，无核的091无核沃柑就属于优势品种中的优势品种，就像富士中的响富。

至于能否大规模发展，还要看是否优势产区。

衡量柑橘的优势产区有两个标准：上市期和品质。先看上市期，中国疆域广阔，气象万千，如果上市期特殊，特别早或特别晚，就是有时间优势的优势产区；再看品质，同一时间段上市品质谁占优，谁就是有品质优势的优势产区。

于是，我跟陈昌志提了两个方案：其一，去云南另寻优势区域，投资建园；其二，等重庆已投产果园今年的表现，看看是否在后期有品质优势，如果有，则在内江可以发展，否则，项目中断。

优势品种＋优势产区，是目前中国果业产能过剩的新形势下能够立于不败之地的取胜法宝。

两者缺一不可。

2019年2月2日

云南的傲娇

  2016年3月17日，云南萄宝农业发展有限公司（以下简称萄宝公司）种植在建水县岔科镇阻塘子村的葡萄园开园，一级果的价格28元／千克，二级果的价格18元／千克。

  4天前，我跟随萄宝公司董事长蔡君昌来到云南建水这块农业投资的"圣地"，为公司下一步的投资方向做参谋。这位与我年纪相近、身高相平的浙江老乡是台州知名制鞋企业的老板，2014年底在同行朋友的相邀下，在远离家乡的云南建水建起了800亩的葡萄园，开辟了他的全新投资领域——农业。

  当我问起"为什么不考虑在自己的家乡而是不远千里来到云南投资种植葡萄"时，蔡君昌的回答是"产品的价格"，建水葡萄前几年的产地收购价普遍在30～40元／千克，而温岭葡萄尽管早期的价格也能达到20元／千克以上，但普遍的产地收购价只有8～10元／千克。按照每亩1 500千克的标准产量计算，在建水投资种植葡萄每亩至少有4万元以上的预期产值，是温岭的3～4倍。

  很显然，温岭本地的葡萄产值不足以引起工商资本的普遍关注；而云南不同，它以"高投入、高回报"的形式吸引了大批工商资本来投资农业。

最先发现云南这块农业投资"圣地"的并不是工商资本。浙江人有股背井离乡、不辞辛劳的闯劲，"追着太阳种西瓜"就是典型事例，温岭葡萄就是跟着西瓜在云南落脚的。这五六年内，随着葡萄效益的不断提高和西瓜效益的不稳定，越来越多的在云南的西瓜种植户开始改种葡萄，并取得惊人的效益，吸引原本在家乡种植葡萄的农民前往云南种植。

原温岭市滨海葡萄专业合作社理事长陈匡森就是其中的典型代表。陈匡森是中国大棚葡萄之乡——浙江省温岭市最早种植葡萄的农户之一，早在20世纪80年代就开始在家乡种植葡萄，后来把露地种植改为大棚设施种植，从而开创了温岭葡萄产业发展的新局面。

陈匡森来到建水已有5个年头。第一年是给别人当指导老师，2013年开始自己建园种植葡萄，2014年在第一季葡萄采收后即以每亩3.8万元的价格转让给后来的投资者，除去每亩3.5万的成本，再加上一

种地如炒房

2017年，在家乡120亩葡萄园承包期期满之后，陈匡森又回到建水以每亩7 000元的成本盘下原来一位老乡经营的60亩葡萄园，又以差不多的价格盘掉已成"鸡肋"的第二块葡萄园；在2018年采收季结束之后，他把原来的夏黑全部改接成阳光玫瑰；2019年平均亩产在1 000千克左右，果园批发价是50元/千克。同时，这片果园的价格已经涨到2万元/亩以上，每亩3万元的葡萄利润再加上葡萄园的增值，一年的投资回报率接近300%。上图为2016年陈匡森和他在云南种植的夏黑，下图为2019年陈匡森和他在云南种植的阳光玫瑰。

季葡萄的收入，净收50万元。

2015年，陈匡森又在建水葡萄的起源地和集聚地——南庄镇羊街村建了一个40亩的葡萄园，与萄宝公司试验园少量上市的情形不同，3月正是陈匡森园中夏黑全面上市的时间，眼下的行情是一级果28元／千克，二级果22元／千克。我品尝了一下，味道很甜，而且香味浓郁。即便是家乡最好的夏黑，也达不到这种品质。

陈匡森告诉我们，建水的葡萄收购商对果品的质量要求很高，尤其是对穗形的要求非常严格。收购商会自带挑选工人，把采收过来的葡萄平铺在平板上，逐一挑选装箱，只要果穗稍有空缺松散，便会剔除在外。

由于穗形对价格的影响至关重要，所以建水葡萄疏果整穗的用工非常大。陈匡森的葡萄园由于盖膜时间比较早，疏果期与大部分葡萄园错开，工人还算便宜，每工80元，每亩疏果的人工费基本上能控制在1500元左右。而像萄宝公司等大部分葡萄园现在正是疏果的用工高峰，人工费最高涨到160元／工，加上面积大，人员多，工人的相对效率较低，每亩的疏果用工至少要3000元。

除疏果外，肥料的开支也是大手笔。在浙江，由于夏黑生长势旺，需要严格控水控肥，以防徒长，一年最多追肥二次；而在云南，由于土壤瘠薄干旱，从萌芽到采收，基本上都是每隔7～10天追肥一次，稍一松懈，就会出现僵果等问题。而且所用肥料都是高档、进口的，寻常复合肥因为效果不佳，很少使用。

云南干旱缺水，建园时必须打深井开采地下水用作灌溉，这也是一笔很大的支出。再加上每亩2500元的土地租费，以及大棚设施及日常管理费用，从种植到投产需要4万以上的成本。像萄宝公司由于自身没有葡萄种植经验，还得花上每亩1000元的技术指导费雇一位有种植经验的技术员来指导生产。

蔡君昌告诉我们，他的葡萄园每亩的投入成本已经超过5万元。

云南建水的葡萄园通常有两种，一种是露地的，盖有防雹网，多为当地人种植；另一种是大棚的，盖塑料薄膜，多为浙江人投资种植。葡萄架式倒是高度统一，都为V形架，又叫飞鸟式。当我问及为什么不沿用家乡的平棚架时，陈匡森解释说，当地人个子偏矮，加上平棚架的田间操作基本上都需要抬手作业，当地人不愿意做，所以都采用V形架。V形架的果穗都集中在离地1.2米高度的一条线上，方便工人作业。在园中，我就看到不少工人带着凳子，坐着疏果。

由于气候干燥和土壤瘠薄，云南的葡萄种植密度也要比浙江高了许多。以夏黑为例，浙江温岭一般行距3.3米，株距1～1.2米，每亩种植200株；而在云南，行距减少到2.5米，株距0.7～0.8米，每亩种植300余株。

尽管在浙江种了30余年的葡萄，又到云南种了5年葡萄，陈匡森依然认为在云南种植葡萄最大的难点是在不同气候变化下的技术把控。比如为了提早上市，错开上市高峰期，需要把葡萄盖膜期提前到10月中下旬，葡萄开花坐果后会经历一段低温期，导致僵果的出现。

2016年在葡萄膨大期时还经历了一场建水罕见的下雪天气，所以葡萄的果粒大小明显比不上往年。

陈祥地也是温岭葡萄元老级的人物，后来去外地转种西瓜，大概10年前又回到家乡种植葡萄，以"早"取胜。2015年开始转换阵地来云南种植葡萄，在建水种了150亩夏黑，又在东川种了150亩红提。

看得出来，陈祥地还不适应云南的情形，包括种植和市场。

他在建水的葡萄园是沙地，就如同把葡萄种在沙子中。这倒无妨，在云南很多地方，无论红壤还是沙地，土壤都非常瘠薄。土壤如同基质，植物所需的大部分营养依赖于人为的补充。我们看到的最大问题是园中的果实成熟度参差不齐，成熟早的已经完全转黑正在采收上市，而成熟晚的果穗还是青绿色，正处于果实膨大前期。

陈匡森告诉我们，在云南，后期萌发形成的果穗即便用两次植物生长调节剂也无济于事。言下之意，这些还是青绿色的果穗只能报废。

在浙江温岭，为了能提早上市获得更好的价格，种植者越来越早地把葡萄盖膜破眠，遇到暖冬就会出现因葡萄休眠不足导致萌芽不整齐甚至绝

上）陈祥地在介绍云南葡萄的种植特点
下）工人在挑选合格的夏黑

77

左）陈富顺（右2）在云南的柑橘基地
右）蔡君昌（右2）在林小波（右1）沃柑园

收的情况。显然，陈祥地把在家乡这种"冒险"的理念带到云南。"盖膜时间"也成为在云南种植葡萄的浙江人最大的技术难题。

陈匡森认为：在建水，最稳妥的盖膜时间是11月中旬，第二年5月初开始上市，每亩的收益1万～2万元。

但是，对绝大多数背井离乡远赴云南来投资农业的老板或者种植户来说，这远没达到他们的效益预期。

蔡君昌邀请我们来云南的主要目的是为他计划在云南种植红美人的想法做可行性评估。同行的徐建国联系了已经在建水种植柑橘数年的浙江老乡。这块由4位浙江人分别管理的柑橘基地位于建水县盘江镇辽远村，总面积4 600亩。与先前看到的干旱情况不同，这里有南盘江穿境而过，水源充足，小气候环境优越，柑橘幼树的长势超过浙江。

接待我们的果园主名叫陈富顺，来自中国无核蜜橘之乡——临海市涌泉镇。6年前，他在浙江市场上发现远早于临海本地的无核蜜橘（即温州蜜柑），于是跟踪经销商发现了这块地方。接下来，在建水找地找了3年，终于在2014年初以每亩1 200元的价格承包下现在这块土地，种上了宫川、大分温州蜜柑以及这两年很热门的红美人。2年间，陈富顺已经在每亩土地上投入1.4万元，今年开始投产收益。

在回答我提出的"为什么要来云南种植柑橘？"的问题时，陈富顺只用了一个"早"字。以大分温州蜜柑为例，在云南建水6月底可以成熟，优质果的价格14～15元／千克，最高年份达到18～20元／千克，就连在家乡被丢弃的朝天果也能卖到4元／千克的价格。

在谈到种植难点时，陈富顺认为最大的问题在于柑橘黄龙病的防控，云南的柑橘抽梢不整齐，为了防控黄龙病的传播媒介——木虱，每年需要喷药20余次，红蜘蛛等螨类也是一年四季都会发生，用药成本要比家乡多上2/3。园中还有一个问题是不同地块的生长势不同，有些地块由于土质的问题树体就长不起来，刨开土壤看根系也是没有活力。

与整齐健壮的温州蜜柑不同，园中试种的红美人长得参差不齐，大的树体与温州蜜柑一般相仿，小的树体则树冠矮小，枝叶稀疏发黄，一副病怏怏的模样。我对红美人的种植性状一直持怀疑态度，加上在云南的成熟期很可能正处于云南的雨季，反而于品质不利。

徐建国建议蔡君昌关注一下眼下正处于成熟期的沃柑，并提出如果要在云南投资种植柑橘，必须要寻找相对隔离的地块（方圆5千米没有其他柑橘树），并采用无病毒苗，以防范柑橘产业头号杀手——柑橘黄龙病。

最后一站，我们去了远离建水500千米以外的隶属于丽江市的永胜县，见到了另一家在云南种植水果的浙江人。这是一个成功典范。林小波在自己80亩的三年生沃柑园中种出7万元的平均亩产值，我们在园中就能切切实实地感受到丰收的喜悦。

但蔡君昌似乎认准了红美人的品质，认为沃柑的品质不如红美人。其实，沃柑的高效益取决于它的成熟期刚好处于现在这个水果淡季。除了草莓，这个时间段的水果市场几乎没有其他时令水果，所有经过贮藏的脐橙、苹果、梨等大宗水果也都进入品质衰退期，于是，这个时候上市而且品质相对不错的沃柑就能称霸"江湖"。

云南之胜，首先就胜在这个"时间差"。

以葡萄为例，山东产区8—9月成熟，江浙沪产区通过设施栽培把葡萄成熟期提早到7月，温岭葡萄通过双膜覆盖、环剥、控产、激素调控等技术措施，以牺牲葡萄经济寿命以及品质的代价才把成熟期提早到6月。而在云南，简简单单一张薄膜就能在5月上市，稍加"折腾"，就能提前到4月成熟。这种"早"的优势是中国所有葡萄产区都无法比拟的。柑橘也如此，建水的早熟温州蜜柑7月底成熟，纽荷尔脐橙9月底成熟，均比主产区浙江和赣南早了近2个月。

云南之胜，还胜在良好的"昼夜温差"。

在中国的版图上，海南、广东、广西都拥有良好的光热资源，在柑橘等常绿果树的种植中都拥有优势。但同样是沃柑，广西种出来的产品价格就明显不如云南，原因就在品质不如云南，而造成这个品质差的首要因素就在于"昼夜温差"。云南光照时间长，昼夜温差大，植株生产多，消耗少，糖积累就多，再加上云南雨水少，只要不是在7—9月雨季上市的果品，想不甜都难。也正因为如此，无论云南的葡萄或是柑橘，经销商都没有内在品质的要求。

云南玉溪市红塔区神园葡萄专业合作社理事长王永春认为：从原始气候环境来讲，云南肯定是最棒的，是排第一位的。全国葡萄成熟时间从最早的云南元谋，到建水、宾川，再到滇中、滇西北；然后从南到北，广西、广东、浙江、江苏、山东，然后再从东到西，安徽、河南……一直到新疆，新疆结束后又回到云南，所以云南不光是最早的，而且还是最晚的葡萄产区。图为王永春查看夏黑的果实发育情况。

正如陪同我们在建水县考察的师晓彬（建水县农业局副局长）所说的："建水是南太平洋气候和印度洋气候交集的一个特殊的气候区域，拥有得天独厚的气候优势。"正是这种得天独厚的气候优势形成的"又早又好"的果品，足以使其果业在国内有着无可匹敌的优势，从而造就了云南这块大家"蜂拥而至"的农业投资"圣地"。

但是，在国内，"蜂拥而至"总能坏事。

陈匡森介绍说，建水葡萄是2014年开始大面积发展的，那一年投产面积只有6 000亩，2015年的投产面积就已经达到2万~3万亩。在主产区——羊街的道路两侧，已经开满了各种农资店和包装箱厂，讲的也多是浙江方言。建水葡萄的官方统计面积已经达到9万亩，一跃成为建水县的第一大水果产业。

面积的迅速扩展带来了地租费和人工工资的飞涨，地租费涨到每亩2 500元，人工费在用工高峰时涨到每工160元（女工）。期间还出现过被当地人垄断工人只涨不跌的情况，导致生产成本越来越高。

陈匡森还说，由于吃了2015年太早盖膜产量低的亏，2016年建水的葡萄普遍盖膜延后，除了他们个别几户能在3月开始上市外，绝大多数葡萄园都将集中在5月份上市，可能会导致行情的变化。而柑橘的行情在2015年就发生剧变，从往年的14~15元/千克跌到6~8元/千克。

萄宝公司的宣传牌

　　还有一个难点是技术。由于建水葡萄有70%～80%是工商资本投入，本身缺乏技术或种植经验，甚至先前连葡萄藤长什么模样都不知道，投资后多雇用在浙江有多年种植经验的果农做技术指导，而这些果农一般文化程度低，依赖经验操作，对环境变化造成的技术应变能力差，加上农业生产本身所具备的"难掌控性"，造成真正能胜任技术支撑的人才奇缺。

　　"蜂拥而至"带来的生产成本提高和果品行情的不确定性，以及技术上的不成熟给远在云南投资的浙江人带来不断积厚的风险性，可预判，这两年建水葡萄就会出现一个阵痛期。鉴于资本"逐利"的本性，一旦遇到行情变化，其中一部分资金就会撤离这个行业，并使整个行业从"非理性"逐渐回归到"理性"投资。

　　对工商资本在云南的农业投资，我建议必须以长远的投资策略去布局，以品牌的战略眼光去运作，切忌急功近利。云南有着国内无可比拟的果品生产优势，无论从"早"的角度，还是从"优"的角度，都有其良好的投资切入点。"褚橙"的成功除了褚时健本身拥有的光环之外，云南的气候优势培育出来的良好品质也给予这个品牌最坚实的基础。在品种选择方面，应当避开在云南7—9月雨季成熟的品种，选择个性突出、有消费潜力的品种，比如高品质的软籽石榴、葡萄柚……

　　我期望，若干年后，在云南会出现一个或几个由浙江人打造的类似"褚橙"的知名水果品牌。

2016年3月29日

疯狂的沃柑

"不看你有房有车，就看你有几亩沃柑。"这句话是目前广西南宁一带农村最流行的丈母娘择婿标准。

60亩900万元，有这样一个最具传奇色彩的沃柑致富案例作支撑，当地把一个柑橘品种推到超越房、车的高度也就不足为奇了。

"其实没那么神！"广西柑橘行业协会会长许立明（上图）笑着说："那是在2016年，当地一位种植户种了49亩的沃柑，留到5月底采摘上市，果园批发价20元／千克，那一年的收入就是300多万元。后来就传成60亩900万元了。"

"这是目前你们这里效益最高的？"我有点失望。49亩300万元，平均亩产值6万元多，没有超越我访问过的浙江象山32亩红美人350万元、平均亩产值过10万元的传奇。

"我们精确统计到的，这家的效益是最高的。但是也有其他我们没统计到的小果园，还有效益更好的。"

"亩产值10万元以上也是有的？"

"还不少！"许立明肯定地说："第一批种沃柑的农户个个都发财了。"

2012年，南宁市武鸣区水果办组织当地农户发展柑橘产业，当时推广的品种是W·默科特和茂谷柑。不料在重庆购苗的时候发现这两个品种的苗木数量不够，卖苗方就向他们推荐了在重庆表现并不好的沃柑。在征得农户同意的基础上，水果办工作人员就带回了这批将就着用的沃柑苗，种了800亩。

"这个品种听说过是2004年由中国农业科学院柑橘研究所从韩国引进的，在其品种试验园里种了好多年，表现个小，品质也不好，结果就这么一个偶然的机会拿到这里就成功了，表现个大、丰产、品质很好，一下子就火了。"许立明兴奋地说："当时那一批沃柑园刚开始卖40多元／千克，果园统货价。而W·默科特只卖4元多／千克，W·默科特在桂南地区表现不理想，不化渣，酸度偏高。当时种了几千亩，现在差不多都改接成沃柑了。"

"那差10倍了，将错就错反而出了个好东西。"我感叹道。

"对啊！"许立明说，"当时也不知道这个品种在这里会这么合适，沃柑更适合在高光照、高积温的地区来种植。"

"为什么沃柑的价格能一下子拔高这么多？"我的注意力还集中在价格上。

"第一批沃柑是在2014年结果的。大家一吃，从来没吃到过这么好吃的柑橘，又脆又甜酸度又低，一下子就劲爆了。加上800亩的量确实很少，都不够本地销的，所以能卖到这么高的价格。量还是当时的关键。"许立明说。

"当时这个高效益有没有引起媒体的轰动？像浙江的红美人一样。"

"媒体在这个事情上是滞后的，当时我们也没有人专门去像红美人一样打造一个区域性的品牌，或者说连宣传都没有做，大家只是自发地跟风扩种。"许立明说："后来产业形成了，当地政府才喊出'中国沃柑看广西，广西沃柑看武鸣'的口号。"

比政府和媒体更敏感的是工商资本。

在产业发展之初，种植沃柑的基本上是以农户为主体，育苗，高接换种。但从2015年开始，大量工商资本看到投资价值，纷纷入场投资建园，掀起了广西沃柑的发展浪潮。

"因为桂南地势相对平缓，可以拿到连片的土地，所以包括煤老板、房地产老板还有其他行业的老板一下子就冲进来了。"许立明用"冲"字来形容当时这个产业的火热。

广西南宁万锦农业有限公司的高卫国就是其中一位。

1998年以工商资本投入农业，原先一直种植香蕉，上万亩的种植规模。选择香蕉，是认为香蕉种植容易复制，可以大规模种植；而后来选择沃柑，既有香蕉枯萎病的因素，也有对沃柑前景的看好。

"时间上正好是因为枯萎病香蕉不能种了，沃柑兴起，所以才选择种沃柑。"高卫国是广西第一批尝到沃柑的人，他用"惊艳"两个字来形容2014年初尝沃柑时的感受："这是我吃到过最好吃的柑橘。"

"像茂谷柑我吃了这么多年，价格也卖得那么贵，为什么我一直不动心？因为我从来没吃到过好吃的茂谷柑，都是酸不溜秋的。虽然它的外观很漂亮，也耐贮运，但是从大多数人的口感来讲，肯定是沃柑更好吃。从事农业这么多年，我觉得好吃是最重要的，其他一切都是浮云，而且沃柑的贮藏、丰产各方面的表现都不错。"

于是，高卫国就决定把武鸣的香蕉地全部改种沃柑。2015年，找不到苗，只试种了50亩；2016年种了1 500亩；2017年种了1 800亩；2018年又种了2 000亩。加上2019年计划新种的1 000多亩，万锦农业沃柑基地规模将达到6 000多亩。

"我们是以4～6元／千克的目标价格去投资核算的，最后的生产成本我们算过也就2元／千克左右。我觉得以这么好吃的品种来说，4元／千克的价格应该是没有什么问题的。"高卫国说。

"目前广西沃柑像万锦这样规模的多吗？"我问许立明。

"像万锦这样五六千亩的企业有好几家，3 000亩以上的园子起码超过20家。"

短短4年，广西沃柑种植面积从最初"误打误撞"的800亩迅速扩大了200万亩，年平均递增50万亩。价格也从2015年的20多元／千克的高位回落到8元／千克左右的理性价格。

"你觉得会出现大的市场践踏现象吗？"对这么迅猛的发展速度，我有点担心。

"这正是我们最担心的问题。"作为广西柑橘产业的带头大哥，许立明也忧心忡忡，"从2012年到现在，不管是桂北的砂糖橘，还是桂南的沃柑和茂谷柑，高速发展过程中确实带来了一系列潜在的问题。"

"首先是苗木的问题。"许立明没有正面回答我提出的市场问题，而是先介绍目前在生产上已经暴露出来的几大问题。

"产业迅速扩张需要太多苗木，又没有我们强调的无病毒苗，甚至常规苗的质量都没办法保证。哪怕是从重庆、四川等黄龙病、溃疡病非疫区调回来的苗木，在我们这边也出现了很高的感病率。除了溃疡病和黄龙病这两大检疫性病害外，我们这几年又发现了碎叶病、衰退病等病毒病，甚至有些单株能够同时检测出几个不同类型的病毒来。"

"非无病毒苗潜在的隐患，现在开始直接爆发出来了。"许立明顿了顿，加重了语气："从我们目前掌握的数据来看，武鸣沃柑的黄龙病田间发病率已经超过了5%；

按株核算

万锦农业有限公司的6 000亩沃柑园全部采用宽行密株的种植模式，6米行距，3米株距，每亩只种了寥寥的37株，与广西柑橘园一般采用的110株／亩以上的高密度种植模式相差甚远。高卫国解释说，如果不按亩，按株核算投入产出比就明白其中道理了，现在万锦沃柑园是全程机械化，每一户（夫妻2人）可以管理2 000株树，1个人可以抵他们30个人。他还认为，提高农场效益的关键在品质。只有卖不出去的价格，没有卖不出去的果，价格取决于你的品质。图为万锦农业有限公司董事长高卫国（左）和许立明在一起查看沃柑的质量情况。

上) 沃柑溃疡病病症
中) 沃柑黄龙病病株
下) 沃柑常见缺素症

溃疡病更不用说了，几乎找不到一家没有溃疡病的果园。更严重的是茂谷柑，其病毒病的感病率远远高过沃柑。"

的确，在我实地走过的柑橘园中，无论是几千亩的大果园，还是几亩的零星果园，都能很容易地见到黄龙病的病状，沃柑的溃疡病更是随处可见。

"第二个问题是技术跟不上，管理粗放，生产出来的优质果不多。"许立明提到这几年也带不少果商一起跑果园，果商的反馈是符合他们要求的果不多。"也就是大路货的果太多，优质果不多，也就是跟我们栽培过程中技术不到位有关。"

"从技术角度来看，目前生产上有哪些技术是普遍不到位的？"许立明原是广西农技推广总站副站长，属于技术流，所以我问技术问题。

"首先是我们这里的土壤是以红壤为主，有机质含量很低。但种植者普遍不讲究土壤改良，不讲究土壤培肥，只想着有什么特效的肥料，所以各种各样的特肥一下子就涌进来了，几万元一吨。其实我们搞专业的人都知道，只要土壤有机质充分，肥料均衡，就能够生产好的产品。但他们不管这些，而是寄希望于有一个灵丹妙药，一下子把品质搞上去，这是最典型的。"

"再有一个是修剪。现在大部分果园还是套用桂北砂糖橘的整形修剪技术，小树每一次梢都先短截，然后放梢，就像园林绿化树那样剪得很整齐的圆头形，枝梢很密很细。这种方法不利于早期丰产。长得很好的新梢要短截回来，又重新放出来。我经常跟他们说你投入的劳动力、肥料和农药，都让你一剪口浪费掉了。"

左）剪成圆头形的两年生沃柑树形
右）培养早夏梢是沃柑丰产稳产的关键

"第三个是植保，这几年发生的药害也很普遍。果农一次配七八种药，杀菌的杀虫的营养的，一起配上去，这种现象很普遍，出现的情况很多。另外一个像溃疡病是细菌性的病害，很多拿杀真菌的药剂来防治。总的来说缺乏基础系统的知识，总是想着有什么灵丹妙药，一下子就好了，没想到综合防治的问题，跟土壤培肥改良是一样的道理。"

"最后一个问题是销售。"许立明说："这几年我们为什么要搞广西柑橘大会，核心目的就是产销对接。销售的问题，一方面是品牌培育的问题，另一方面是市场认识的问题。现在很多经销商还不知道广西还有这么好的柑橘，虽然我们产业协会每年请了一两百家的经销商来对接，感觉也是杯水车薪，远远不够。所以在产销对接这一块，政府也要投入了一些人力财力到北方市场做销地宣传，让消费者知道有沃柑这样的好水果。"

"另外，现在的产地价格偏高，这也是目前制约销售量的一个因素。毕竟能够掏出20元以上买一千克柑橘和掏出10元买一千克柑橘的消费群体数量是完全不一样的，可能是天量的差别。"

"沃柑的生产成本可以控制在1.6～2元／千克，所以最终5～6元／千克的产地价格就已经很好了。"许立明给出了沃柑未来的一个期望价格。

"你认为会出现刚才讲的践踏事件吗？"我依然盯着最初的问题。

"践踏这么严重的事情我不敢说，但我认为产能过剩是迟早要到来的。"许立明态度非常明确："广西一个砂糖橘一个沃柑迟早要产能过剩，我认为就是这三年之内的事情。"

"砂糖橘和沃柑有没有冲突？"我指的践踏事件实质上是指新旧两个广西柑橘主

覆膜避霜延后采收的砂糖橘

栽品种之间的市场争夺。毕竟市场就那么大，同时期上市的品种就存在竞争关系，甚至是恶性竞争。

"处理得好就没有冲突。"在许立明的眼中，砂糖橘和沃柑本应该是关公和秦琼之间的关系，一个春节前，一个春节后，并不相及。

"在正常年份，桂北的砂糖橘通过盖膜避霜能够保证在春节前后走掉。但2018年由于遭受强霜冻，从而影响到砂糖橘的销售。盖膜后的砂糖橘可以留到3月份甚至4月份，那就和沃柑撞车了。"

"这属于销售拥堵，不算踩踏。"许立明强调。

"我就是担心这种情况出现，砂糖橘如果前期出现一定程度的滞销，它会往后堆压。而沃柑提前采收品质问题也不大，这样就会造成市场竞争。"我在2017年的时候就尝过广西12月底采摘的沃柑，感觉品质不错，完全符合上市要求。

"今年已经出现这个问题了，有些销售商去年卖沃柑赚了钱，今年就想着要更早一点，好在今年第一批沃柑投向市场后，反响并不好，他们就停了。现在最担心的是，春节前10～12天的天气，如果这段'砂糖橘'最好的上市时间一直低温阴雨，虽然膜内的'砂糖橘'还能够采摘，但如果北方也是雨雪连天，那……"

我在广西已经待了10多天了，一直阴雨不断，太阳只露过一次脸。

"以前放在春节后销售的砂糖橘更能挣钱，不过去年不一样，于是今年大家就想着早出货，结果天气不允许早出，原来不打算盖膜的种植户现在都回过头来盖膜了。这一盖膜他又不想早卖了，一压后对沃柑和茂谷柑又造成了直接的影响。"许立明继续说："另一方面，如果光照充足，沃柑退酸快，上色好，它就能早上市。经销商赚了钱他会大量收购，又挤压了砂糖橘，互相挤压。"

许立明说的"挤压"其实就是我担心的市场"践踏",只是在表述程度上有所缓和。

而我最担心的是,如果阴雨天气再延续,许立明担心的产能过剩问题就会即时爆发,而我所担心的"关公战秦琼"的荒唐剧也会成为现实。

幸亏,天晴了,南宁晴,桂林也晴,广西终于结束了近一个月的阴雨天气。

但是我依然担心。

我问许立明:"如果这两个品种同时上市,你认为哪个品种在市场上更有竞争优势?"

"从目前来说,还是砂糖橘更有优势。但等沃柑的知名度上来后,比如3年之后,砂糖橘可能就卖不过沃柑了。所以从长远来看,沃柑一定会超过砂糖橘。"许立明说。

2019年1月7日

刘镇的比喻
幸存者包揽天下

"寒风来了,你会把果树当什么?"在2018"木美土里"杯中国好柑橘大赛中,木美土里集团公司董事长刘镇形象地举着例子讲出路:"一种是把果树当驴,给你干活,你就给点料吃;不给你干活,你就拿鞭子抽它;还有一种是把果树当自己的孩子,在寒风来临时好好呵护。最后把果树当孩子的这批果农都得救了,而把果树当驴的果农全'完蛋'了。"

产区 是我们的优势

有灵魂的苹果

这是一条天路，

神圣而充满诱惑。

我是5年前第一次踏上这条路。那是金秋十月，我独自一人从家乡驾车经川藏线到拉萨，寻找人生新的目标。回来之后，才有了《花果飘香》，有了自如、有趣、孤独和忙碌的自我。

今年3月底再次踏上这片圣地，在灿如云霞的林芝桃花林中偶遇黑钻苹果，从此便对这个尚未开发的产区念念不忘，一谈到优势产区，除了彩云之南的云贵高原，就是这个云端之上的青藏高原。

胡志艺对林芝的苹果赞不绝口

"这是一个有灵魂的苹果！"

浙江雨露空间果品有限公司董事长胡志艺是第一次到西藏自治区（以下简称西藏），也许是有些小兴奋的缘故，他把所有在林芝看到的美好的东西都归为"有灵魂的"，有灵魂的山，有灵魂的水，有灵魂的树，当然也包括这次来西藏的主题——林芝的苹果。

"糖度高、香味浓、风味足、脆度够……口感能超过新西兰的苹果，唯一的缺点是光果（不套袋）的果皮偏厚。"胡志艺详解了"有灵魂"的含义。他对果品的口感和安全都很挑剔，难得有这么一款果品能获得这么高的满意度。

生产出这款"有灵魂"的苹果的人叫杨开平，四川自贡人，17岁时就到西藏打工谋生，2004年开始介入养猪业，建成西藏生猪出栏量最大的养殖场，2013年养猪场被新希望集团收购。2016年认识了四川省农业科学院苹果专家谢红江，在考察全国苹果主产区、确定西藏林芝的气候优势之后，2017年创办林芝盛世科技农业有限公司开始在米林县羌纳乡承包了上千亩的土地种植苹果。

"在高原种苹果有什么优势？"我问谢红江，他是国家苹果产业技术体系川西高原试验站的负责人，对高原苹果情有独钟。

"独特的生态气候条件。"谢红江列举了他在青藏高原上建立的几个示范基地，四川省凉山州、甘孜州和阿坝州，西藏自治区的林芝和山南，最大的4 200亩，最小的300亩；海拔最高的是山南，3 650米，其次就是杨开平的苹果园，2 950米，位于雅鲁藏布江的河谷地带。

"我们的区位优势很特殊，像盐源的成熟期要比北方苹果早30～40天，然后是甘孜州和阿坝州，林芝最晚，比山东的物候期晚10天左右。山南又比较特殊，只能种早中熟品种，如果种富士，绝对是成熟不了的。我们说西南缺土壤、黄土高原缺水、青藏高原缺积温，如果积温达不到，有些品种就不能成熟，所以在青藏高原发展苹果选地很重要。如果我们把这个基地放在米林县县城周边去，那绝对是要犯大错误的。"

"我去过四川、甘肃、陕西和山东4个苹果产区，也买过新疆、河北、山西、云南等地的品牌苹果，实事求是地说，还没有一个地方的口感能超到我们的口感。"待谢红江说完前因，杨开平讲了后果。他认为林芝种苹果最大的优势就在于品质无与伦比。

确实，10月份我来林芝之前，刚在西北农林科技大学白水试验站尝了陕西省苹果首席专家赵政阳教授培育的瑞阳和瑞雪，两地的口感相差甚远，尤其是瑞阳，在林芝的表现非常出色，除了口感一流之外，着色艳丽，早果性和丰产性都得到充分体现。所以我当场就给赵政阳发了一条信息：你得抽时间来西藏林芝看看你的品种，在这里的表现太好了！

"我也给赵老师发过照片，还跟他说，感谢赵老师为青藏高原培育了这么好的品种。"谢红江翻出手机中的聊天记录跟我说。

"这么多品种里，你喜欢哪几个？"我再问胡志艺。在杨开平的苹果园中，除了赵政阳团队选育的瑞阳和瑞雪之外，还有响富、王林、长富2号、玉华早富、蜜脆等品种。令人惊奇的是，这里的蜜脆没有采前落果和苦痘病等缺陷，而且颜值非常出众，近乎完美。

"我还是喜欢瑞阳，还有王林。"胡志艺的选择跟我一样。

"我喜欢响富。它就像酒中的茅台，味道浓郁。"

上）瑞阳
中）瑞雪
下）响富

杨开平和谢红江（右）在查看苹果的结果情况

响富的锈斑

雨露空间的采购总监沈晓东的选择跟杨开平一样。

我9月份来林芝的时候，杨开平就向我推荐响富。他认为，响富的肉质更脆一点，口感更浓一点，而且存放时间要比瑞阳更长一点。但是从形和色来说，瑞阳要更好一点，而且树势和丰产性也是瑞阳更优秀一点。

但我觉得瑞阳的肉质太硬，咬着费牙，而且糖度过高，最高能超过20%，齁得慌。而且不知道什么原因，这个最容易上色的品种在林芝脱袋之后却迟迟不能上色，反倒是不套袋的响富呈紫黑色，近似于黑钻苹果，颇有卖点。但不套袋的响富果面锈斑又非常严重，与胡志艺提到的"锈不出洼"的质量标准相差甚远。

"果锈是什么原因造成的？能解决吗？"我问谢红江。对响富来说，这是个左右为难的大问题。

"果锈的形成主要是在花期的时候，如果湿度比较高，谢花之后花器官沾在幼果上，在雅鲁藏布江上的阵风吹动下，就把幼果上的绒毛擦掉了，从而形成果锈。这是可以防控的，比如栽防护林。"

"那套袋果去袋后出现的日灼问题能够解决吗？"我继续问道。这在瑞阳上表现尤为突出，大范围的日灼果导致这片生长最好、产量最高的瑞阳种植区的成品率变得很低，看上去实在令人惋惜。

瑞阳的日灼

套袋（右）和不套袋的瑞阳

　　"日灼的问题还是因为紫外线太强造成的。我们要求下午3点以后才能脱袋。如果中午脱袋，百分之六七十的果面都有灼伤。我建议杨开平是不套袋的。像盐源99%的果园是不套袋的，因为不套袋的苹果就是反映出高原特色的。"谢红江说。

　　"我希望能套袋，这里的苹果风味足够，不会因为套袋而影响口感，而且套袋的苹果皮薄，消费者的接受度会更高。"胡志艺从消费者的角度阐述了自己的观点。

　　"但是不套袋的苹果光泽度特别好，很靓，这是这里的特色，跟其他产区的苹果差别是比较大的，加上套袋的劳动力成本问题，所以我第一次来就觉得这里的苹果不应该套袋。"我赞同谢红江的观点。

　　从产品定位和品牌建立的角度来讲，产品特色非常重要。

　　黑钻苹果就是一个典型案例。一个寻常的新红星，就因为能在林芝种出近乎黑色的色泽，从而一跃成为"网红"产品，2018年最高能卖出上百元一个的高价。

　　"当时你是怎么想起来套袋的？"我问杨开平。

　　"套袋有套袋的好处，不套袋的苹果所有人都说好吃，但是皮厚，套了袋的皮很薄。这个要看市场的，大家的想法也是不一样的，要通过我们不断地摸索，不是哪个人说了就是怎么样……"杨开平似是而非地说了一通当初选择套袋的理由。

　　"这里有个问题。"我忽然想起胡志艺跟我讲过，他这段时间在门店卖的都是盐源的苹果，口感好，价格又便宜，收购价只有4元/千克，与山东蓬莱和甘肃静宁的产地价相差数倍，而体现两者价格差的关键因素就在于外观，所以我又问谢红江："高原苹果应该怎么去权衡'好看'和'好吃'这两方面？"

"我和杨开平一直在讨论这个事，因为消费者是多种多样的，我们想今后少部分采用套袋，迎合'外貌协会'的选择，但是高原苹果最终的出路我认为是不套袋的。"谢红江坚定地说。

"你觉得青藏高原会不会成为苹果的优势产区？"我问谢红江。

在这之前，我还跟赵政阳提过这个问题，赵政阳的答案是会成为特色产区，但不会成为优势产区。但谢红江却回答得非常肯定："这是绝对的。我们的高原生态气候条件是独一的、不可复制的，青藏高原现在缺的是新品种、新技术、新模式，如果能把这些在这里进行复制，就相当于让企业或者果农站在巨人的肩膀上，产区优势会非常明显的。"

在谢红江的精心指导下，杨开平的600亩苹果园全部采用了现代化的种植模式，矮砧密植、宽行密株、起垄栽培、地布覆盖、果园生草、水肥一体化……3年生的树体已经有不少产量，这在西藏算是第一家，所以西藏自治区农牧科学院和四川省农业科学院联合在林芝盛世农业科技有限公司的苹果园召开一场西藏苹果标准化种植示范现场会。

在现场会上，杨开平的苹果得到与会人员的一致好评，这让他信心满满。

"你还有很多学费要交。"我泼了他一盆冷水，指出很多品种和技术上存在的问题。

"技术上有我们谢老师在，我不担心的。"杨开平笑着说。看得出来，他非常信任谢红江的技术水平。

"那你觉得在这里投资农业的难点在哪里？"

"我觉得最难的是销售。"杨开平说，"相对于内地，西藏的信息是封闭的，很多人不知道西藏能种出水果来，导

西藏苹果现场会

致很多好东西都没有打出去。"

这次我约胡志艺来的主要目的也是为了能牵线搭桥，让林芝的好苹果能走出高原。

"运费要多少？"我和胡志艺异口同声地问道。

"如果空运的话，起码要10元／千克；如果整车汽运的成本会低一点，从林芝运到成都大概需要2元／千克的运输成本。"杨开平应道。

"交通这一块会越来越好的，现在川藏高速公路和川藏铁路都在修建。我们以前从成都到康定需要一天半的时间，现在只需要4个小时……"谢红江补充说。

"那么劳动力方面有没有问题？"我继续问道。

"从业人员素质低，劳动力绝对有问题，所以必须要肥水一体化，这么大的果园，两个人就把它施完了，一年要施12~13次，每次不超过30克／株。"谢红江三句不离本行。

"省工的技术其他地方也可以用嘛，这里我讲的劳动力问题，一是有没有缺乏，二是劳动力成本贵不贵？"我补充道。

"劳动力不缺，因为我们几个村庄都有劳动力，从十几岁的，到五六十岁的都有，但劳动力成本高，去年是120元／工，今年130元／工，明年估计要140元／工，这个价格放眼全国做农业的都是高工资的，而且劳动效率差。"杨开平解答道。

"为什么劳动力资源充沛，价格会这么高呢？"我好奇地问。

"一方面西藏有很多国家扶持政策；另一方面，他们随意性很强，不像我们汉族，在这一块还是有很大差距的。"说完，杨开平叹了一口气。

"就是说他爱来不来的。"这个我倒很容易理解，藏族是我见过的最虔诚的宗教信仰民族，连自家养的价值上百万的牦牛都舍不得出售，金钱对他们的诱惑力太小。

"能种出这样的产品，你会在这里投资吗？"我试着问胡

胡志艺（中）在南迦巴瓦峰下展示林芝苹果

志艺。作为拥有50余家精品水果门店的创业者，他从2019年起开始寻找好的品种、好的果园进行投资布局，以保证好货源的稳定供应。

"这里的气候条件和产品质量都是没有问题的，关键是怎么去管理？"

"气候条件肯定是值得投资的，交通条件你觉得能不能解决？还有劳动力成本的问题。"考虑到他初次来西藏，对这边的情况并不熟悉，所以我点出几个瓶颈问题。

"量大了就好解决了，包括劳动力的问题，面积到一定程度就可以采用机械化，相对成本就会降低。关键是成品率，像他这样的果园成品率太低了。这里的产品不卖高价会死人的。"胡志艺的最后一句话与生产黑钻苹果的马天伟同出一辙。原因也一致，都是因为产量和成品率太低。

"这个园子的整体规划和树体管理在这里算是顶尖水平了，第3年就看得到产量，像另外一家种黑钻苹果的，第8年都没啥产量。今年成品率低主要是因为套袋造成的日灼，如果明年不套袋成品率就会大幅度上升的。我目前最担心的是，这里缺乏合格的分级工人。"

"对，像这里的生产成本这么高，价格这么贵，如果品控没能把握好，到时候弄个30%以上的损耗，我这批货运回去就会亏钱的。"胡志艺担心地说。在这之前，他已经和杨开平谈好价格，产地收购价是盐源苹果的4倍。

"苹果运出来，不能把'灵魂'给拉下了。"我跟着胡志艺的调开玩笑说。

2019年11月16日

我觉得首先应该站在产业的高度，来综合分析哪个地方是最适宜的区域，就是你说的优势产区。第一种，是能生产出独一无二的产品的地方；第二种，综合成本最低，又是能产出优质果品的地方。对我们这种做规模化果园的企业来说，第二种才是真正的优势产区。

——宋豫青

择地的要素

　　"为什么会选择在这里建基地？"陕西金苹果农业科技有限公司董事长鲁治（上图右）是陕北人，按常理应该选择号称"世界苹果最佳优生区"的延安地区或北扩的榆林地区建苹果基地，鲁治却偏偏选择了位于关中平原有着"西府"之称的宝鸡市凤翔县，这让我感到疑惑。

　　"出于家乡情结和人脉关系，我们最初也是计划在陕北一带选址，富县、洛川、黄陵、延川……跑了好多地方，化验了很多土壤和水，结果发现那里的土壤有机质含量只有0.5%~0.6%，而我现在这块土地当时测的土壤有机质含量是1.0%~1.3%。"鲁治在大学时学的是医学，所以选址时的切入点也与众不同。

　　"站在医学的角度，苹果和人体的组成中大部分是水，如果水不好，虾不好，蟹不好，鱼不好，种出来的水果也一定不会太好。陕西的水系都是由西往东走，这边的水质就明显好于东府（渭南地区）。"

　　"然后是考虑人的因素。"鲁治接着说："我们陕北人勤劳粗犷，但干事粗。还有陕北的苹果园一般都有防护网，到了苹果成熟期还要派人看护，但凤翔的果园几乎都没有防护网……"

"民风也很重要。"我点头说。8月份在云南昭通时，几家果园主就向我抱怨当地民风不好，偷果成风，成为在那里投资农业最头疼的事情。

"对，还有劳动力成本。这里男工70元/天、女工45元/天，在陕北要120~130元/天。我们不像老百姓种20~30亩，所以考虑人是第一要素，一要干活细，二要用工成本低；再加上一个土质要好，再一个水质要好。"

"海拔的因素有没有考虑过？"今年我的一个重点是青藏高原，海拔近3 000米的西藏林芝种出来的苹果确实不同凡响，在口感和香气上几乎可以秒杀现在市面上的主流苹果，所以我非常怀疑陕北"世界苹果最佳优生区"的称号。

"我觉得这是个伪命题，包括北纬35~37度这些都是伪命题。"鲁治列举了日本青森、美国华盛顿和新西兰这些世界优质苹果主产地的海拔和经纬度，然后自问自答道："这些指标有没有用？有一点用，只是决定植物能不能在这里生长。关键因素还是水好。不光是苹果，任何农产品，水都是一个主导因素。"

"海拔问题的实质是日照时间和昼夜温差，日照时间长，昼夜温差大，植物积累的营养就多，果实品质就好，所以海拔高度只是表象，真正的本质是日照时间和昼夜温差这两个指标。"我其实不大能接受鲁治所说的"水是主导因素"这个观点。

"您的看法呢？"我问公司技术负责人王均应。他原是凤翔县园艺站的负责人，高级农艺师，跟曹儒一样，在苹果双矮栽培技术方面有着很深的造诣。相对于鲁治的医学角度，他的园艺角度可能更接近我的观点。

"海拔是要素，但不是核心要素。"王均应操着一口地道的关中方言应道："核心要素，第一是人，第二是土壤。"

"人是主观因素。"我试图撇开人的主观因素，单纯从生态气候条件来谈这个话题。

"凤翔的农民作业水平高，当地种苹果的普通果农出去就可以给周围产区的果园作指导。"王均应依然按照自己的思路阐述人的重要性。

"和礼泉那边相比呢？"我刚从礼泉过来，礼泉人也认为自己的技术水平高，所以干脆将错就错，沿着他的思路作比较。

"礼泉30年前是引领陕西果业的，但现在已经落后了。"王均应毫不忌讳地应道。

"你觉得他们为什么落后了？"在礼泉时，我跟当地主管部门的领导和果农都聊过这个话题，他们也承认礼泉苹果辉煌不再，只是衰败的原因众说纷纭。

"第一是品种原因，第二是栽培模式。"王均应的思路非常清晰，"礼泉果农的栽

八旬老人的忠告

从最早的国光，到鼎盛时期的秦冠，再到发现并参与选育的礼泉短富，王会敏见证了礼泉苹果产业的兴衰起伏。他认为，礼泉苹果产业走下坡路最主要的原因是缺水，由于降水量少，缺乏水源，礼泉苹果几十年种下来的土壤水分消耗得不到有效补充；其次是土壤有机质已经严重缺乏。如果这两个问题得不到解决，包括陕北这些旱地，将来都要走礼泉的路，礼泉苹果的今天就是洛川苹果的明天。图为王会敏和他发现的礼泉短富。

培技术高，但与政府的指导有脱节，比如品种一直保持秦冠不变，到现在还是秦冠，两袋碳胺，啥都不用管，投入少，产量高，五六毛钱一斤卖到果汁厂，效益已经远远高于小麦啦。在栽培模式上搞乔化密植，这种栽培模式是生产不出好苹果的。"

有意思的是，鲁治主栽的品种就是在礼泉发现的富士短枝型芽变——礼泉短富。我在礼泉时还见过这个品种的最早发现者——王会敏，也是他最早提出"双矮栽培技术"。可惜的是，这些品种和技术并没有在礼泉县得到发扬光大，反倒在曹儒和王均应等人的大力推动下，在凤翔县开花结果，成为凤翔县果农发家致富的金钥匙。

"不少专家说礼泉海拔低，所以才被洛川苹果赶超，你觉得这个因素大不大？"我有把问题拉回到我关切的海拔要素上。

"不大。"王均应非常肯定地说。

"按照您的观念，整个陕西省的苹果质量跟海拔和经纬度没有本质上的关联？"我是有意把范围局限于陕西省，因为我已经数次亲眼目睹像林芝这样的高原气候条件对苹果品质的显著影响。

"有区别，但不是关键因素。"王均应应道："关键还是人，还有品种、技术和投资。"

"我和鲁治还是有类似之处的。他是陕北人，不愿意选择家乡，反而选择凤翔；我是河北人，工厂在千阳，所以选择了千阳来种苹果。天时地利人和，不都是完美的。"听我们聊得兴起，刘镇（木美土里集团公司董事长）也感同身受地谈了他的看法。

"咱们都在宝鸡，地利和人和还是有同感的。这一块土地原来是周文王农耕的地方，有着深厚的农耕文化和情结，种小麦时就注意养地，所以土壤相对肥沃。另外劳动力价格相对便宜，而且劳动者的基本功扎实，包括干活的诚信，基本上都是靠谱的，不大会糊弄你。有些地方的人你不盯着就会糊弄你。但天时方面我觉得有利有弊，特别是这边三伏天的高温对有些怕热的品种是不利的。"刘镇特意举了他主栽的蜜脆，今年就因为想把成熟度留得高一些、让品质更好一些，结果造成高达70%的落果率。

这让他很受伤。

"但是天时地利人和综合来讲，宝鸡凤翔、千阳一带海拔

曹儒的苹果园

曹儒（原陕西省凤翔县园艺站站长）从1991年开始就搞双矮栽培，把礼泉短富或烟富6号等品种嫁接在矮化中间砧M26上，具有树冠小、结果早（一般第三年就能开花，第四年就有效益）、丰产性好（亩产可达上万斤）、没有大小年、着色好、优果率高和省力省工等优点。2008年9月，农业部在曹儒经营的苹果园召开了国际矮砧苹果集约高效栽培技术观摩现场会，被束怀瑞院士评价为"全国最好的苹果园。"

刘镇（中）和鲁治（左一）等人在果园

在600～800米范围内的果园还是有它的优势。这里最大的劣势就是上色难，尤其是富士。如果解决了上色难的问题，我们这里就能种出又大、又脆、又甜的好苹果来。我们只要选一个容易上色的品种，外观不比高海拔的地区差的话，我们是愿意下本钱把苹果做得更甜。"

"甜是没问题的？"我追问道。

"没问题。"刘镇接着说："就像日本青森，1 300毫米的年降水量依然能把苹果的糖度做到16%以上，那我们这儿的年降水量才600多毫米。不管在中国任何一个海拔的苹果产区，都有办法把糖度做到16%～18%，而且有不一样的香甜。现在最要命的问题是咱们这个海拔高度的苹果上色的问题，所以你们选的品种很好，礼泉短富的上色很好。"

"除了品种的原因，苹果的上色问题，这边有没有特殊的配套技术？"我转问王均应。他是栽培专家。

"有。"王均应响亮地应道："上色和肥料有关系。如果有机肥用得少，偏施化肥，这个品种都不上色。所以对肥料的种类、使用量，特别是有机肥……"

"相当于我们在天时地利上的差距可以用人为的技术去弥补和解决。"我又被王均应拉回到人的要素上去了。

"对，通过人为的技术也能改变，但是灾害性天气我们改变不了。"王均应话锋一转，谈到2018年那场早春冻害中不同品种的抗冻表现，接着说："陕西的自然灾害，一个是春季的低温寒潮，一个是采收季的冰雹。"

"从大的环境来说，比如宝鸡和陕北相比，那边的自然灾害多？"我觉得这也是果园选址应该考虑的要素。

"陕北下冰雹的概率比凤翔大10~20倍。"鲁治刚来凤翔的时候也调查过这方面的情况，当地的老百姓告诉他，这一片已经几十年没有遇见冰雹了，"所以我们就没考虑上防雹网，几十年都不遇的。"

"还有一点，像你们这样的工商资本投入农业，规模都比较大的，有没有考虑当地政策这个要素？"我差不多把每一个建园选址的要素都拎了一遍。

"这个事情有好有坏，能沾光，也可能有害。沾光是小光，受害是大害。"鲁治应道："一旦有了大量补助的时候，人的思想就会变，更多地考虑利益输送，最终的结果靠政策去生存的这条路会越走越难，最终走到绝路。"

"政策因素还是要关注的。"刘镇持不同意见，他这几年搞中国好苹果大赛就捆绑了不少政府机构，做得风生水起，光2019年就被评为"改革开放40周年果品行业杰出人物""中国果业年度人物"等荣誉称号，所以他劝导鲁治说："像你800多亩的投资规模也是蛮大的，只要你把成绩做出来，能给政府添彩，政府就会考虑给你一些支持，如果这些支持正好是你需要的，这钱就多多益善。"

"是不是可以这样理解，往往果园的规模越大，和政府的关联度就越大？"与鲁治的800亩相比，刘镇在千阳的果园面积要大上数倍。在千阳，还有一家上万亩面积的海升苹果基地。

"陕西一般是这样。"鲁治肯定地说，"陕西好多农业企业最开始的初心都是好的，但后面政府一边给你补助一边推你走，最后规模越做越大，初心也变成多元化了。凤翔就有农业龙头企业已经3个月都发不出来工资了。"

"那你现在有没有考虑过扩展面积？"我问他。

"以后也不会考虑。"鲁治非常干脆地回答道："我就想小规模做出高品质。"

离开的时候，我看到鲁治刚运到的包装箱，上面写着：土壤是根、水质是本、匠心是魂。

2019年10月23日

浙江台州有一群追着太阳种西瓜的瓜农，温岭市吉园果蔬专业合作社的辛宏权就是其中一位，在其20余年的种瓜生涯中，足迹遍布浙江、江苏、江西、湖北、山西、广东、海南，一直延伸到现在的甘肃。在他看来，未来的中国农业必然是优势产区灭掉非优势产区，所以选择最有优势的种植地非常重要。同期上市的不同产地，关键要看有没有品质优势。图为辛宏权查看网纹甜瓜的生长情况。

联系电话：137 3850 8888

106

第四章

匠心，是我们的精神

八旬老人的心愿

这个故事得从朋友圈的一张照片说起。

2017年年底，一位名叫"耕耘"（马思志）的微信好友在朋友圈中发了一张桃树的照片，迅速地引起我的好奇。照片中的这株桃树非常奇特，既不是开心形，也不是主干形，更不是自然生长的伞形，而是如孔雀开屏般美丽的连理之木。

马思志告诉我，这是他师父郑凯旋的得意之作。

3个月后，我挑了最美的季节去一睹这株桃树的"芳容"。

现场比照片惊艳多了！这株长在院子里的桃树伸展着长长的"臂膀"，上面承担着13根直立的主干，每根主干上都长满了盛花中的枝条，在阳光的照耀下分外妖娆。

"它才7岁大。"郑凯旋从房子里迎了出来，身体健朗，精神矍铄，看不出已是八十高龄。"这棵桃树是为了方便观察才在院子里种的，本来想培养成王字形，参观的人太多，路边的枝条老是被碰断，就成了现在的 H 形。"

听完这话，我再一次被"惊"到了，我原来以为这是一株快要成"妖"的老桃树，虽然到现场后看到的树龄没有那么大，但却万万没想到这还是一位风华正茂的"青

少年"。

但这位桃树界超有个性的"青少年",却承载着郑凯旋在桃树种植上30余年沉淀的四大理念:空间、阳光、调势和平衡。

30年前,在郑凯旋居住的山西省平陆县杜马乡一带的桃园管理是非常粗放的,不浇水,不打药,不套袋,一年也就施点牛粪。桃果质量差,价格也低,每千克才0.6元。

郑凯旋原来是种苹果的能手,1987年在女婿家帮助打理桃园,发现已经生长了近10年的开心形桃园非常郁闭,操作十分困难,于是就把挡路的大枝统统锯掉,留出操作道。

"当年树上长了很多徒长条(枝),我保留了一部分有花的枝条,结果发现上面结的桃个头大、颜色艳,品质明显比下面好,从那以后,只要上面有空间我就保留一部分徒长条结桃。"

"原来一开始不是为了培养主干,而是为了保留结果的枝条。"我其实挺好奇郑凯旋是怎么想到在开心形上树起直立干

走进位于山西省平陆县杜马乡杜村村的郑凯旋家,映入眼帘的就是这株正在怒放的大桃树。它的大,不是寻常那种古木参天,而是平展的,似连理之木,更像孔雀开屏,美轮美奂的样子。如果在观光采摘园做一株或几株这样的桃树应该也是一种不错的选择,既可以做生产,也可以做景观。单排设计会方便管理。如果能围成一个圈,做成树屋形状,再在树底下摆上桌椅,春季赏花、夏季纳凉,秋季品果,岂不美哉!

一株多干形

来，让教科书上极力避免的"树上长树"成为一种新的种植模式。

"这些保留的徒长条一结桃就被压弯，所以一开始我培养的直立干不是直的，而是弯弯曲曲的，很难看，还影响光照，后来新枝培养时我就把它们拉直了，慢慢形成现在的一株多干形。"

这片老桃树还在，已经是39年的高龄，黝黑空洞的主干，但上部依然生机勃勃，以不到60株、1.3亩的面积每年都能收获超过上万斤的产量，这对来自南方的我来说，又是一次极大的震撼。

在江南，盛果期的桃树亩产量不过1 500千克，桃树的经济寿命一般都不会超过15年。偶尔看到超过15年的桃园，无论多么残缺不全，我都会对园主刮目相看。

"老树新枝。"郑凯旋指着正在培养的直立新枝说道："只要有1米的空间，都可以把新枝拉直培养成直立干，如果发现原来的直立干已经衰老，也需要在它的附近选择合适的新枝进行培养替代，保持新枝结果。同样对应的根系也会不断更新，树体因此不会衰老。"

"如果把这些直立干都扳到一个平面，之间的枝条就会互相遮光，就不会都能见到阳光。我的树形的特点就是立体结果，结果枝特别多，而且都能见到阳光，所以产量特别高。"

我数了一下，最多的一株树上竖了13根直立干，还不包括2个正在培养的直立新枝。

"一根直立干的结果能力是10千克。"通过这片桃园的树形改造，郑凯旋已经能够把"空间"和"阳光"充分利用，用来提高桃树的产量。

郑凯旋对树形的标准是：枝枝见光，没有无效区。

一株一干形

"我说的无效区有两种：一种是有阳光没树枝，空间没有得到充分利用；另一种是有树枝但光秃了，像很多开心形桃树的内膛都没有小枝，结果外移，都存在无效区，所以产量不高。"

与之相配套的，缓放、疏花、疏果、套袋……这些现在看起来稀松平常的技术在当地都是一种创新。这片桃园的桃子价格也从0.6元／千克涨到4元／千克，成为当地的一个标杆。

"我想一棵树上留十几个直立干都能结果，而且都结好果，如果一亩地栽300多株，一株一干，不是见效更快吗？"在把开心形改造成一株多干形的过程中，郑凯旋悟出了密植园的栽法。

1993年，郑凯旋就专门栽了1亩地，行距2米，株距1米，1亩地种333株，主干形。

但任何创新都不是一帆风顺的，郑凯旋在自己设想的全新栽培模式中苦苦摸索。

单干的树体抗风能力差，定植当年一刮风就东倒西歪了，郑凯旋先是用树枝撑，后来连准备盖房的橼都搬到地里去撑树，但结果都是以失败告终。最后采用两头立杆中间拉铁丝的方法才把这个问题解决掉。

"第一年长一人多高，第二年就开始结果了，一亩地就卖几千元钱，效果很好。"郑凯旋非常开心。但第三年开春的一场寒流冻死很多当地的幼龄桃树，郑凯旋的幼树没死，只是冻伤，他又发现早停梢对营养积累和提高抗冻能力均很有作用。

郑凯旋把冻伤后的桃树全部改接成另外一个更好的品种，花期改接的，到落叶时树体又长到2米多高，第二年恢复产量，亩产达到一万多斤。凭借这份超高产量的成绩单，郑凯旋自创的主干形密植种植模式得到了大家的广泛关注。

"见效快、更新快。"郑凯旋把这种树形命名为"一株一干形"，以区别于从开心形改造而成的"一株多干形"。

"这两种方法，在管理上哪一种相对容易些？"我问道。

"一株一干容易，一株多干麻烦。"

郑凯旋的答案与我脑海里设想的并不一样。我脑海里想起的是日本的稀植技术，一亩地只种几棵或十几棵，就像郑凯旋院子里的那株桃树，因为有很多主干在，生长势会更加缓和。相对来说，树势会更加稳定，更加容易管理。

"但它见效慢，长树就得好几年。"郑凯旋院子里的那株桃树虽然已经投产，但仍然还处于建造期，还有2个直立干是刚刚培育起来的，尚未投产。

"新建园你还是建议一株一干形？"

"对！"郑凯旋回答得非常肯定："一是好管，二是见效快。"

"做主干形最大的难题是'上强下弱'，这个问题在技术上是怎么去解决的？"我很清楚，无论是"一株多干"还是"一株一干"，其本质都是主干形，面临的最大问题都是如何解决"上强下弱"的植物本性问题。而郑凯旋最大的本领就是能控制好这个平衡。

"压强扶弱。"郑凯旋先讲策略，再讲方法。

"首先是修剪时间，强旺的桃树绝对不能冬季修剪，也不要夏季修剪，我是9月份带叶修剪旺条。"

郑凯旋举了个实例。他在2000年冬天的时候去过一家种植冬桃的桃园，这家桃园已经连续几年只开花不结果，树势特别旺，树冠上部都是1米多长的长枝，树上的细枝上也都有花。他先让园主停止冬季修

剪，到第二年5月份要套袋的时候才剪，背上的长枝连桃子一起剪掉，只留下了小枝结果。结果那一年不仅桃子结住了，连树冠上面也没长出旺枝。

"冬季修剪是促势，9月份带叶修剪是减势，5月份带桃修剪是缓势。"郑凯旋强调，对于旺长的树，千万不能在冬季修剪，要在9月份贮藏营养前，先把特别旺的、长得粗壮的枝条去掉。如果秋季没剪就留到第二年5月份再修剪，这样才能使树势缓和。

"5月份是补救措施，如果秋季修剪了就不用5月份修剪。"我有点听糊涂了，理了一下思路，继续问道："这是从修剪时间上去调整树势，那在具体的修剪技术上是怎么去调整的？"

"顶端旺的部分9月份修剪，下部弱的部分冬季修剪。秋季的时候我们只剪旺枝，把上部旺枝剪掉以后，下部的枝条得到的光照就多，光合产物也多了，贮存的养分也多了，通过冬季修剪再做一次调整，这样上下的枝条就基本上一致了。"

"还有，同样30厘米的一根结果枝，下部枝条只能留1个桃，中部枝条可以留2个桃，上部枝条可以留3个桃。强势部位多留果，以果控势，多方面调整。"

"在主干强弱的交接部人为制造剪（伤）口，减弱皮层的营养输送能力，让剪口下方能多分配到一点养分。但在幼树期要尽量避免在主干上制造伤口，要留桩剪，让树体尽快长成。"

利用剪（伤）口来调节树势也是我第一次听闻的，我思索了一下，其原理与环剥（割）同出一辙。

"需要用多效唑控梢吗？"

"原来用，现在改用氨基酸控梢。"

我又一次听到"奇谈怪论"：用平常作为叶面肥的氨基酸来控梢。

"腐殖酸也有类似作用。"郑凯旋笑着指着身旁的

左上）枝枝见光、没有无效区的树体形态
左下）控梢后的枝条形态
右上）剪除有盲节的主干部分，引缚副梢替代
右下）通过制造伤口来控制"上强下弱"

氨基酸控梢

对于桃树的控梢，郑凯旋的徒弟裴增云认为：关键是要控早控小。这跟汽车下坡踩刹车是一样的道理，刚开始的时候只要稍微控一下就停住了，比如新梢长到3～5厘米时用50倍的氨基酸或腐殖酸控梢，但当新梢长度长到10厘米时就要用40倍或30倍的浓度，新梢越长，用的浓度就会越大，难度也会变得越来越大。图为裴增云（右）和马思志（左）等师兄弟在讨论桃树的控梢效果。

联系电话：150 3540 2479

一位徒弟说，"他去年使用腐殖酸时把浓度配得太高，导致新梢停长，用了好几次赤霉素才恢复生长。"

"用氨基酸控梢在新梢长度不到5厘米时效果最好，超过30厘米就没有效果了。第一次喷过后间隔3天再喷一次。最终的要求是新梢长度不超过30厘米。"……

通过"调势"来达到最终的"平衡"，是郑凯旋解决"上强下弱"问题的核心。

郑凯旋的成功引来了全国各地的参观者和学习者。"只要来学习的人，我都无偿地给他们讲解，有时候来的人太多，刚走一批，又来一批，连吃饭的时间都没有，我的胃病就是这样饿出来的。"

在太原做汽车贸易的两个儿子心疼年迈的父亲，就把他老俩口接到太原颐养天年。"我在城市待得着急，心里老惦记家里的桃树，晚上都睡不着，我就跟儿子说我要回家。"

"后来儿子们都想通了，也支持我的想法。"待了几年，郑凯旋又回到老家与同样年迈的桃树作伴，"我回到老家每天都

郑凯旋（中）和他的徒弟们

去桃园转转，看看它们有什么变化，哪里需要改善，干这个心情特别好。"

郑凯旋的众多技术其实都来源于这种细心的观察和大胆的尝试，比如这几年发现的秋梢会有盲节的现象，会造成主干成形后这段的结果枝空缺，所以在建造期如果发现主干上有盲节的部分应在冬季修剪时及时剪除，在第二年重新培养，真正做到没有无效区的要求。

"我现在想的还是一个阳光利用的问题，无论是长树，还是结果，它都需要光合作用，如何能够最大化地利用阳光，不用化肥，不用农药，最终能达到一个生态、优质、高产的栽培目标。"

"我现在还是一个老学生，我希望到死前能达到这个目标。"郑凯旋转身跟几个徒弟说，"我希望你们几个都能把自己的桃园管理成能亩产1万千克优质桃的生态桃园，作为示范，让人家学习。记住，优质要排在高产的前面。"

岁月催人老，不负匠人心，望着眼前这位执着、求精、毫无功利心的八旬老人，我不禁想起金庸小说中的一位世外高人——风清扬，而他30年磨炼的桃树种植技术就像风老前辈修炼的绝世武功——独孤九剑。

在老桃园，我曾问过郑凯旋："这些桃树还能活几年？"

"我不死，不会让它们死。"他爽朗地应道。

2018年4月1日

刘镇的"固执"

刘镇（右）是一个非常"固执"的人。

昨天差不多已经被我们说服不再搞葡萄限根栽培了，今天听到上海农家苑葡萄有限公司浦东基地负责人胡鹏（左）说限根栽培可以让葡萄的成熟期提早10天，一下子又来劲了。

"你今天给的信息太好了。"刘镇兴奋地跟胡鹏说，"如果能够提早成熟的话，我觉得在北方很有好处。"

匠心 是我们的精神

刘镇（右）与徐卫东

"在陕西早10天成熟你觉得有优势？"我疑惑地问道。

昨天我们在江苏省葡萄协会会长徐卫东那里刚聊过全国阳光玫瑰的熟期分布：4月份从云南开始，从南到北，广东、广西、浙江、江苏、湖南、安徽、河北、山东，一直到9月后的新疆，而陕西的成熟期在9月中下旬，恰逢国庆中秋双节期间，是一个应季的消费小高峰。无论往前还是往后都有强劲的竞争对手。

"现在南方的葡萄过不到北方去就被你们消费完了，昨天徐卫东讲了，陕西是9月份成熟，如果我能提早到7—8月成熟，供求关系就变了。一方面我可以南下，和南方的葡萄去竞争；另一方面在北方我有先发优势，对果品价格尤其是大市场果品价格的影响还是蛮大的。"刘镇自信地说。

"你做限根栽培的目的是什么？"没等我反驳市场的供求关系，胡鹏就直接问刘镇搞限根栽培的目的性。农家苑最早于2012年的时候在上海交通大学王世平教授的指导下就开始做葡萄限根栽培，在这方面他们有着丰富的经验和深刻的教训。

"我是在日本花了1万日元买了一串葡萄，太好吃了，于是就找到种这串葡萄的人。他跟我介绍是这么种的，还送了我一本有关限根栽培的书，我就让人翻译成中文细心研读，看到它的好处，通过限根栽培实现控旺，使营养聚焦于果实的生长……这是日本种植高品质葡萄的一种方法。"刘镇介绍说。

有意思的是，农家苑用的这套葡萄限根栽培技术也是源自日本，而且主栽品种也跟刘镇一样的，都是来自日本的阳光玫瑰。

我在2018年11月在陕西千阳见过刘镇在千湖边上的基地，种植槽高度和宽度都在40厘米左右，长度4米，分成几格，不一次性填满基质；植株长得纤弱，当时就建议他不要做这种全限根的种植模式。倒不是因为现场表现不好，而是因为在江浙

左）上海农家苑的葡萄限根栽培
右）木美土里千阳基地的葡萄限根栽培

沪几乎所有做这种全限根栽培的葡萄园都出了问题，作为先行者的农家苑也不例外。

"前面4年是很舒服的，因为营养供应充沛，生长快，但后面就出现问题了，树势衰弱，而且我们是一亩地种7棵，所以一出现问题就是好大一片面积……"胡鹏心疼地说。

"你们这么多年做下来，除了刚才介绍的能够提前成熟，加快转色，其他还有什么好处吗？"我接着问道。

"其他没有了，就这两个好处：提前成熟和加快转色。哦！还有观赏性。"

"管理会简单一点吗？"胡鹏的回答还是让我觉得有点意外，我提示性地又问了一句。

"我觉得未必。"胡鹏叹了一口气说："为了让它有好的表现，肯定要把额外的东西加上去，肥料也多一点，水也多一点，理论上说这种模式省时省力，但葡萄种植省时省力的功夫不在水肥上，而是在枝条和果实管理上……"

"那枝梢管理有没有省力点？"我沿着话题继续问道。按照葡萄限根栽培的理论，因为控制了营养生长，应该可以减少枝梢管理的工作量，比如摘心。

"没有，该摘心还是要摘心，所有枝梢管理都是一样的。一亩地2 000根枝条还是2 000根枝条，你不可能因为限根栽培只留500根枝条。"

"那意思就是地上部分管理是一样的，地下部管理反而增加麻烦了？"

"也不叫麻烦，只是你做不好就会出问题。倒是快成熟的时候管理是很方便的，一控就控下来了，这时候是有优势的。"胡鹏总算找到另一个实实在在的好处。

"这可能就是能促进着色的原因。"我笑着说，接着又补充了浙江桐乡大圣果园沈金跃介绍过的一个限根栽培的好处，"在江浙沪一带可以减少淹水的可能性。"

上）2012年，在上海交通大学王世平教授的指导下，农家苑采用限根栽培模式进行果园改造，种植槽长2.3米、宽2米、高0.5米。行距12米，株距8米，每亩地只能7株，采用王字形的树形。2014年，这批3年生的葡萄树每株都挂了300～400穗，按照"管家"葡萄60元／千克的售价，每株葡萄的平均产值达到上万元。但随后部分树体出现树势衰退的问题，管华明只能把种植槽的侧面打通，覆土（有机质）保湿，让根系摆脱种植槽的束缚，增加根系的吸水能力。

左）尽管这几年在做限根栽培上损失上百万元，但沈金跃依然认为，限根栽培最大的诱惑在于做成之后，可以把管理上的数据采集起来，做到完全可控。当把这些数据变成一个模块的时候，就可以复制，在任何地方任何人，哪怕一个傻瓜，都可以实现自动化。而且，从理论上来讲，果品质量肯定是限根栽培的好。图为沈金跃（右）和桐乡市农业技术推广服务中心的张杰在交流葡萄限根栽培的优劣势。

由于后期出现的树势问题，农家苑把原先的种植槽侧面打通，覆土保湿，让根系摆脱种植槽的束缚，增加根系的吸水能力；浙江桐乡的大圣果园则把原来圆形的种植槽改为船型槽，扩展的部分底部不再铺设防水布，而新发展的园区就采用半限根的方式，在底部不再进行隔离，目的都是为了依托自然土壤，增加根系微域环境的稳定性。

换句话说，原来推广的全限根栽培已经完全被摒弃。这也是我极力反对刘镇再搞全限根栽培的原因。

"我这个人可能比较固执。"尽管我们一直讲问题，刘镇还是对这种栽培模式充满期待，"我按照日本的方法，在限根槽和地面之间加了一层海绵垫，这个海绵垫作用还挺大，就是你不知道浇多少水合适的时候，过去摁这个海绵垫，只要海绵垫不是干的就行了。第一年是因为用了渗透性差的黄沙土导致根系腐烂树长不起来，后面经过土壤调理，加了加拿大进口的泥炭藓和菌肥之后，在水肥管理方面再也没有出现困扰我的问题了。对这种栽培模式种出来高品质的阳光玫瑰，我还是很有信心的。"

"阳光玫瑰不适合限根栽培，夏黑我觉得可以的。"胡鹏也是一个有话直说的人。

"适合生长势特别旺的品种，是这个意思吗？"我大致能理解这句话背后的含义，既然限根栽培是为了控制营养生长，必然是针对营养生长特别旺的品种，"巨峰估计也可以。"

限根栽培夏黑的着色状

"对，对它上色很有帮助的。"胡鹏点了点头说："像巨峰在上海很难做到紫红色，我们这里要加上环剥、剪枝等技术措施。"

"是不是妮娜女王也可以。"刘镇问道。

"对，但在上海可能也不行吧。"胡鹏没种过这个品种，所以也不敢肯定。

但我基本上明白了什么品种可以尝试限根栽培：一类是不容易着色的品种，比如妮娜女王；一类是生长势非常旺的品种，比如夏黑和美人指。

至于经常被病毒病困扰而且是绿色品种的阳光玫瑰，可能真的没有必要。

50天后，刘镇从千阳寄来他在限根槽里种出来的阳光玫瑰，小穗形，果粒也小，平均粒重只有11.7克，但很甜，平均糖度22.1%；同日寄到的吴小平草炭阳光玫瑰平均粒重15.9克，平均糖度18.2%。

我问同事"哪个好吃？"，他指了指了小个的阳光玫瑰，说"这个甜。"

而我在评语上写了5个字：很甜，就是甜。

在同一本笔记本里，我还记着刘镇说过的另外一句话："我干事情就这么干的，也是这么干成功的。"

后面跟着我对他的评语：执着。

2019年8月6日

王卫国的日本行

王卫国（上图）从日本回来后非常高兴，这是他第二次去日本。

"10年前我第一次去日本的时候没有尝到当地的桃子，所以一直很遗憾，这么多年来我一直把日本作为标杆，这趟正好赶上日本桃子的上市季节，我一吃到他们的桃子，心里老开心了，因为我觉得我种的桃子比他们的好吃。"

王卫国怕我觉得是他自吹自擂，马上补充了一句："这不是我一个人说的，我们整个团队的评价都是这样的。"

这趟跟王卫国一同去日本考察的还有上海市金山区数十家农场负责人，大家都尝过王卫国的"天母"桃。

2004年，王卫国离开徐州老家，在上海市金山区廊下镇建了第一个桃园。在这之前，他是搞畜牧业的，对桃树种植一窍不通。

80亩地，早熟品种，大棚栽培，前两年品质不错，又懂得营销，卖100元/盒，

8个桃子。

在当时也算"天价"了。

2007年后品质就不行了，好看不好吃，桃子卖不完。又不愿意折价卖市场，只能在晚上的时候偷偷倒掉。

"只要能把糖度提高1~2度，桃子就能卖完。"那一年，王卫国几乎是全国各地到处跑，寻找提高品质的"良方"。

也是机缘巧合，王卫国遇到一位做日文翻译的苏州小伙子。小伙子也有农业情结，2008年就带着王卫国去日本"拜师学艺"。

在日本，最让王卫国觉得惊奇的是果园里的草，跟自己寸草不生的桃园完全是两个世界。长草的果园土壤都很疏松，走上去会陷脚，像海绵。

上）天母果园门景
中）主干形和生草栽培
下）大棚设施

日本的果农告诉他：草可以御寒，可以避暑，可以增加土壤生物菌，可以提高有机质，可以减少病虫害，可以提高品质……

回来后，王卫国也让自己的桃园长起了草。

我给王卫国100分的种植权重，他给了生草60分，施肥20分，修剪20分。

不用除草剂，用割草机割草。花期不割，用草控氮；高温不割，用草降暑。

用菌渣改良土壤，每亩10吨；肥料用氮磷钾含量为16：8：16的生物型复混肥料，一亩地一年施100千克，5—10月每个月两次补肥，少量多次。

2014年，王卫国把老桃园"推倒重来"。品种从原来的2个变成10个，行距从原来的2米变成3米，树高从原来的2米变成3.5米，连栋大棚，主干形，有机化种植，机械化作业……

改造后的天母果园称得上是整个上海市颜值最高、内涵最深的标准化桃园。

天母果园的早熟品种

从2008年到2013年，王卫国一直在做品种的筛选。

"原来品种单一，只有两个品种，那几年游客多，政府团购也多，但我六月份卖完了就没有桃了，经常客人来了却买不到桃子。"王卫国挺惋惜那些年的"黄金岁月"。

"那个时候没抓住机遇，走弯路了。如果不走弯路的话，早就挣钱了。"

2008年从日本回来时，王卫国还带回了十几个日本品种的枝条，嫁接试种，包括日本的黄金桃，糖度可以达到20%。

2011年，王卫国又新建了一个70亩的桃园。

"品种太多了，日本的，中国的，我已经记不清一共引过多少个品种，发现哪个好就换哪个，有的只有一两棵，引过来一看不行就砍了，改来改去，一株一株的试。"新建的桃园差不多成了王卫国的品种试验园。

很多品种，王卫国都叫不出品种名。

最后，王卫国保留了30个作为生产品种，上市期从5月一直延续到10月。

"这30个品种中，你觉得哪个品种最好？"

"品质肯定是越往后越好！"

"品质哪个最好？"

"不能说哪个最好，每个月都好。"

"你最喜欢吃哪个？"

"7月、8月、9月、10月成熟的都喜欢，因为我是亲自筛选出来的，再也不能超过它们了。"

王卫国一派外交部发言人的腔调，大概是因为叫不出品种名的缘故。

王卫国在做桃树的夏季护理

　　"如果从效益角度看，把这30个品种分为：好的，一般的和差的，大概几个品种是好的，几个品种是一般的？"我其实并不赞成一个园子种这么多品种，这会给管理带来很大的难度。

　　"别人没有我有的，就是好的。"王卫国说："7月下旬一直到8月中旬是桃子上市高峰期，水蜜桃、黄桃、蟠桃都在这个时间段集中上市，虽然我的桃子品质好，但我的价格也比较高，一部分消费者就会选择价格相对便宜的桃子。"

　　"5—6月是早熟的，种得少，主要是这段时间阴雨天多，品质不稳定。"如果碰到连续下雨，达不到品质要求，王卫国会把早熟桃做成酵素，用作肥料。

　　天母果园现在种得最多的是晚熟品种，占了一半面积，供应中秋节和国庆节；其次是7月上旬到7月中旬。

　　"这20天时间都不够卖，因为别人都还没有。"王卫国说。

　　"你是在哪里买的？有没有可能你也是没买到最好的，就像我们去市场上买不到好水果一样？"王卫国的桃子好吃是不假，只是我没尝过日本的桃子，我担心当事人玩"田忌赛马"的把戏。

"我是在山梨县农协专门卖桃子的地方尝到了，他们卖的都是最好的。"

"那是品质上还是……"没等我把疑问说完，王卫国就明白了我的意思。"在品质上我已经超过他们了，但个头和颜色不如他们。"

"我分析了一下，首先日本的环境很干净，本身就没有什么灰尘；然后他们用的果袋也很讲究，内袋上面1/3是蓝色的。我问过他们的专家，这样的果袋能让桃子均匀上色。"

"还有日本的桃树树形基本上是大开心形，大树冠营养好，所以日本的桃子基本上都在六两左右，我还达不到这个标准，我的桃子只有四两到五两。"

"我感觉日本这10年技术没有进步，但我的进步是非常大的。"

第二趟去日本，王卫国并没有学到什么新技术，也没有带回什么新品种。但行程中有两件事情让他影响深刻。

在日本，王卫国和他的团队租了一辆车，是中国的一位留学生在当司机。这位留学生不光服务非常好，而且一有空就擦车，把车身擦得锃亮的，连轮辋上都擦得很亮。

王卫国就好奇："我说你车子怎么擦这么亮？"

"这就是我的工作啊！"留学生告诉王卫国，在日本每个驾驶员都这样，没事就洗车。车子干净可以让客人留下好印象，会让客人感觉很舒服。

还有日本的公共厕所，都很干净。"里面布置得简直不像厕所。"王卫国也好奇，问服务员："为什么擦这么干净？"

只见服务员面带微笑说："服务是一种荣幸，让每个人进来都有一种好心情。"

日本山梨桃的分级

西支所选果场是笛吹市农协下面的一家桃子专业选果场，负责给周边参加农协的果农分选桃子。在采收前，农协会根据当时的市场情况开一场现场会，介绍分选的标准。果农负责把初选的桃子运到选果场，根据不同档次分放在不同流水线上。由人工分选外观和色泽，机器分选大小和糖度，最后的产品分特秀、青秀、绿秀、赤秀、赤优和等外品6个等级。特秀等级要求桃子平放一半以上着色，果形圆整无伤口，早熟品种糖度要求在12%以上，中晚熟品种糖度要求在13%以上。一般都采用5千克装，根据不同大小规格从每盒12个到15个不等，12个装为最佳产品。

上）管理房上的壁画
右上）新建的学农基地
右中）王卫国向游客介绍管理理念
右下）长廊下的花草

"这就是工匠精神啊！"王卫国开始转变方向，要学习日本的工匠精神。

"人家不管哪一个工种，都是很认真地对待。所以回来后我开始注重服务了，产品最好，服务不好，人家为啥来你家。我想今后是一个拼服务的时代。"

"要把文化融进来，把服务跟上去。"

建学农基地，开展儿童教育，画壁画，种花养草，播放音乐，这边做舞台，那边做产品体验……

这，大致就是我说的"精致果园"的模样。

2017年8月26日

相宇波的野苹果

　　我有两个想不到，一个是他居然还在做苹果的育种工作，有几个优系的品质还非常赞；二是我那年见到他时居然是他最艰难的一年，他想放弃。

　　他叫相宇波（上图右），陕西省礼泉县的第三代果农。

　　我2017年第一次见到他的时候，他还担任着礼泉县果友协会的会长职务。在这个岗位上，他一共干了10年，一直到2018年两届任期满之后才卸任专注自己的苹果园。

　　"我那一年贩苹果赔了很多钱，自家的苹果园也一直赔钱，当时已经做不下去了，是李永飞（水果微商，上图左）发现我的果子好吃，又带着你过来，我这才又活过来了，又有信心了。"

　　2017年10月，在我首次开启"中国果业（苹果）万里行"的途中，在李永飞的相邀下，来到相宇波位于朝阳山顶天寺附近的一个苹果园，面积不大，只有5亩，园相凌乱，杂草丛生，尤其是其中1亩完全不加人为干预的野生苹果园，草长到齐腰高，苹果树虚弱得很，树上没长几个果子，小又难看，不过口感非常好，糖度能达到18%，甘甜；其余4亩看着像苹果园的果实口感也不错，糖度都在15%左右，非

上）苹果园的地被植物
下）苹果园的土壤情况

常符合李永飞向我介绍时的评价："风味比较浓郁，有小时候的味道。"

那次时间很紧，天气又冷，所以只是匆匆而过，没有细聊。下山后我便写了一篇短文，以"中国版的木村秋则"来形容相宇波。

这让他深受鼓舞。

在那一年来自全国各地的苹果评测中，我给予相宇波的苹果的最终评价是：性价比最高的好苹果——口感一流，价格实惠。

"果园的草这两年是怎么变化的？"待我两年后再次来到他的苹果园时，园相要比先前好了许多，不仅树上的果子多了，连地面上的草也变得整洁了，都是矮草，像一大片绿色的地毯铺满了整个果园，间有黄色的野菊花，像极了地毯上绣着的图案，好看极了。

"草的引导从2005年就开始做了，刚开始的时候都是像芦苇这一类的尖草，当时用的方法是别让恶性草开花，用割草机反复割。这两年是在草换季的时候割，比如秋草和冬草的转换点，割掉秋草，把冬草留起来。今年是有意识地留得高，因为我预判明年春天会有霜冻，所以我把草留得高一点，让地温变化不要太大。"

气象是相宇波的老本行，他光观察地温和叶温的变化规律就用了很多年的时间，在防灾减灾方面颇有自己的见解。只是我对数据的变化和抽象的预判兴趣不大，所以也没问他预判明年霜冻的根据，只是问眼前所看到的表象问题："果园中留哪些草是比较理想的？"

"最主要是草的多样性，种类越多越好，不是哪种草好。"相宇波解释道："每一个季节有每一个季节的草，而且不同草种底下的微生物菌群是不一样的。按照日本的理念，土壤里边最重要的是生物性质，接下来是物理性质，最后才是化学性质，而咱们经常讲的是土壤的理化性质，往往忽视了生物性质。但是土壤的生物性质其实是最重要的，它是衡量苹果有没有香味的一个最重要的指标。"

2003年，相宇波在日本青森县待了一年，以研修生的身份学习日本苹果种植技术。回国后就致力于日本苹果种植技术的推广，刚开始时跟礼泉传统的种植模式产生了激烈的冲突，包括他家已经种了几十年苹果的父亲："我要留草，父亲要除草，早些年经常因此吵架的。"

有一年，相宇波的父亲实在看不惯相宇波管理的这块苹果园杂草丛生，又不挣钱，就偷偷地喷百草枯除草。"结果这百草枯一喷，我从显微镜中就看不到一个土壤中的微生物菌了，我伤心死了，重新培养微生物菌群又花了几年。"

"现在整个礼泉做果园生草的多吗？"我问道。

"多啊！我从日本回来时又引进日本的割草机，告诉大家别锄地，用割草机割草，现在几乎所有果园都留草了。"相宇波拨开地面厚厚的绿草，用手抓出一把乌黑的土壤，接着说："我们陕西都是黄土，特别是干旱没水的条件下，最难培养的就是微生物菌。草养好了，果实的味道肯定好；如果草养不好，化肥又施得多，微生物菌分解不了，果实会有一种怪味。"

"你管这种叫作什么种植模式？"我的脑海中浮现出各种名词：有机农业、生态农业、中医农业、自然农法……

"我都不知道叫什么？"相宇波迟疑了一会，说："或者叫自然栽培。我这里面最主要的理念就是根据苹果树自身的生理特点，慢慢引导，尽量减少人为干预。"

"跟有机有什么区别吗？"我找了个参照模式。

"有区别的，有机的话，对用药用肥非常严格。我目前的种植模式是要用农药的，只不过用得少，而且尽量选择低毒低残留的生物农药；化肥完全不用，现在有机肥也不用。"

"有机肥不用怎么搞？"我纳闷道。

"就是靠草和树的共生。当初我从日本学回来的修剪技术在国内用不了，一剪子下去树的反应特别大。日本青森农协技术部部长中田信雄说，主要是化肥用多了，造成树体的生理功能紊乱。所以开始的时候就让树'饿'着，不给它施肥，任何肥料都不施，让土壤中过多的化肥先消化掉，这样花了3年。结果那几年就没果子。然后中田老师过来讲，这是一个很艰难的过程，一旦你不上化肥，再重新上化肥的话，树会死掉，所以又坚持搞，到2012年，苹果价格比较高，我的苹果园却没苹果，被家人

发现了，这就不得了了……中间有好多事情非常艰辛。"

"那还是想着往有机方向去做的？"

"对，但是我知道做有机难度更大，最起码在虫害这一块我做不到。"相宇波实事求是地说。

"那前几年没产量主要是肥的原因，还是虫的原因？"

"主要是没营养。当草的种类慢慢上来后，土壤有机质含量慢慢上来后，问题就解决了。"说完，相宇波从树上摘了几个苹果，分给大家品尝。

虽然未到完熟期，但果肉松脆、甜酸适口、果香浓郁，又比两年前的品质提升了许多。

"你觉得现在做的这些技术试验对礼泉的苹果产业有什么引导作用？"这段时间我跟礼泉县的新老果农，包括主管部门的领导都聊过礼泉苹果产业兴衰历程和解决方案，作为已经在果农协会会长这个职务上待了十年的相宇波，我想他应该有自己的想法。

"当初也没想那么多，就是想做一个好吃又安全的苹果。现在想着已经做了，就应该继续做下去，闯一条路，给大家提供一个新的思路。"相宇波说。

"你觉得做了这么多年，哪些思路对礼泉现在的苹果产业有好的表率作用？"我追问道。

"这也是我经常考虑的一个问题，但我认为这不是单纯礼泉的问题，而且整个中国农业的问题。农业本身应该是一个保证人们基本需要和安全的问题，但现在农业政策性文件一直在强调：农业增效、农民增收，这不是引导大家逐利去了嘛。你要逐利的话，就必须大量施用肥料，大幅度提高产量，这样的话怎么能种一个好产品？把农业做成一个竞利性的产业，我认为是错误的。"

"但逐利也没什么问题啊！"虽然我并没有直接参与农业经营，但我也有点接受不了相宇波这种非主流观点，刚好在我最近发布的一篇文章中就提到要寻找"品质至上"和"效益至上"之间的平衡点。

"但是人吃了有问题这就不好了。"相宇波又提到食品安全的问题，"当初我在乡镇工作时就遇到过很多因为农药和化肥使用不当出现的问题，这是个大问题……有的方面我不想说。"

相宇波的苹果外观和冰糖心

　　我一时语塞。相宇波的这番话让我隐约感觉到他可能遇到过什么让他记忆深刻的负面案例，就像日本的木村秋则一样，因为妻子对农药过敏，所以一辈子坚持做不打农药不施化肥的苹果。对我而言，我其实挺反感一些人把化肥、农药当作洪水猛兽的论调，只要科学使用，保证安全间隔期，并不会对人体健康造成多大的影响。所以我没有追问，也知道很难去解开这个心结，只是换了一个技术推广的角度："在具体生产中，你应该也明白你这种方法很难推广开来，必须要面对现实做一个相对折中的方法。"

　　"对，也不定做得太偏。我也不是说完全拒绝化肥，但化肥用量不能太大，适度就行了。我另外一块幼龄果园现在也用化肥，化肥给草吃，然后草长起来养菌，菌来养树。"相宇波的这种方法有点类似于我讲的"以草养蚓，以蚓养地，以地养树"的做法，只不过我用肉眼看得见的蚯蚓来代替肉眼不可见的微生物菌。

　　"根据树的自然生长规律，有条理、有计划来安排生产，这样人为控制的方法能少一点，化肥农药的用量也能少一点，尽可能地把可再生的水、光、热等自然资源利用起来，这样生产成本就下来了，而且生产出来的产品还健康安全，我是想这样搞的。"

　　这也正是相宇波能生产出"性价比最高的好苹果"的理念基础。

2019年10月11日

133

陆其华的檇李情结

"zui 字怎么写？"我问陆其华（上图）。

我原来以为是"醉"字，因为他介绍这个李子在春秋时代就有了，当年西施就吃过，因为多吃了几颗，竟被醉倒。陆其华写了一个"檇"字，很复杂，是个生僻字。如果反过来，光给我这个字，我肯定念不出来。

"这个字原来在电脑上都打不出来的。古籍记载嘉兴原有座檇李城，城因果名，吴越争霸时最关键的一次战争就叫'檇李之战'，《春秋传》有记载，'越败吴于檇李。'"陆其华引经据典地解释了檇李的来源。

"金庸和我的老师沈德绪（原浙江农业大学教授、园艺教育家、黄花梨的选育者）是同班同学，都是嘉兴人。金庸写《射雕英雄传》讲到黄蓉和杨康在南湖烟雨楼比武时，就在小说中提到正好是檇李花开的时候。后来金庸写了封信给我的老师，问檇李还在不在？他当时写的就是'醉'字，而范蠡府中的檇李亭上刻的就是现在用的'檇'字……"

"是不是跟西施私奔的那个范蠡？"陆其华的普通话不甚标准，讲到范蠡府时我插了一句。

"对……"陆其华继续扯了一段带点传说性质的檇李历史，然后说："我老师当时就叫我去看看檇李还有没有。"

在这之后近20年的时候，陆其华从历史上记载的檇李发源地嘉兴净相寺开始找起，沿着抗日战争浙江大学搬迁的路线，找到江西，找到贵州，最后居然让他找到121个檇李种质资源。

"这两年又收集到2个，我这个园子里一共保存123个檇李品系。"从1988年开始，陆其华陆续建了5个果园，用作保存这些珍贵的种质资源。在这过程中，他又经历了多次因城市扩建土地征用果园搬迁的磨难。在现有的30亩果园中，还保存了400多个李子资源，成为国家果树李杏种质资源圃的一个保存点。

"当时出于什么样的目的去收集这些资源？"我问他。他后面做的事情已经完全超越了他老师交代他的任务。

"主要还是爱好，檇李如果不搞的话就要消失了。"陆其华还提到原来浙江省农业厅在柴松岳省长的批示下也专门成立过一个檇李攻关组，"但他们后来都放弃了。檇李如果用常规果树的种植思路是不行的，开始3年还可以的，但是3年过后还用这种思路肯定要失败的。"

"栽培理念上有什么不同吗？"我追问道。

檇李最佳的品尝之时是在果子皮色红晕透彻，鲜润如琥珀时食用。吃的时候，先用双手把果实轻轻揉一揉，再在果皮上剥开一个小口，肉浆可一吸而尽，仅余一条果筋，如金色的丝缕，连结果核。果味甘美绝伦，并有微微酒香，故有"琼浆玉液""如甘露醴泉"之称。

"种植一般果树形同电饭煲蒸饭，是讲究速度的；而种植槜李形同砂锅炖老鸭，要慢火煲汤，心不能急的。如果为了长得快，用复合肥大肥大水，啪一下子，基本就完蛋了。"

"会冒条导致落花落果？"我从他形象的表述中推测道。

"对！"陆其华点了点头说："一是果要掉，二是品质也不行，关键是坐果坐不牢。"

"氮、磷、钾三元素复合肥这种东西就不能用？"

"绝对不能用。槜李的施肥量很低的，我这么多的地，去年就用了一吨菜籽饼，再加一点俄罗斯进口的钾肥。原来我钾肥都不用的，自己烧点草木灰，现在因为不能烧，所以……"

"除了施肥方面，种植槜李在其他方面还需要注意什么吗？"我继续问道。

"槜李的根系比一般的果树要浅，所以土壤的疏松度很关键；还有种植密度要稀，像我这个基地是按照7米×4米的行株距来种植的，类似棚架式的种植模式，因为槜李怕风，沿海风大，很容易把果实吹落下来的……"陆其华说起技术来头头是道，他现在是嘉兴职业技术学院的特聘老师，负责教学生园艺学的专业课程。

"这123个槜李品系中你觉得那几个有推广价值的。"我回到资源的话题。

"品质最好的是真种，我现在种的最多的就是真种；还有一个是早熟的普通种，桐乡现在主要种的基本上是普通种，这个成熟期早。其他的我都作为种质资源保存，品质参差不一的，口感不行的我就加工成果酒。"

我先后3次来过这个园子，陆其华说的真种和普通种我都尝过，相比之下，真种

槜李于小暑前后几天内成熟，绿叶丛中，点点殷红，古人曰："子成红云稠"。果实熟透时，皮色殷红，密缀黄点，披有一层白色果粉；皮内果肉色黄，鲜润如琥珀，化成浆液状。

的品质要好上许多。吃的方法也很有调，先用双手把果实轻轻揉一揉，再在果皮上剥开一个小口，肉浆可一吸而尽，仅余一条果筋，如金色的丝缕，连结果核。果味甘美绝伦，并有微微酒香，"如甘露醴泉"。

但槜李必须完熟后才能表现出"极品"的品质，如果成熟度不够，品质表现就非常一般，所以我问陆其华："如果拿槜李和我们现代的主栽品种相比，你觉得槜李有什么优缺点？"

"槜李最大的缺点是不耐贮运，这是致命的缺点。"在前面几次交流中，陆其华把槜李的品质地位定位到无以复加的高位，是一种色香味和化浆程度俱佳、敢于与任何水果PK的珍品，但他也承认槜李的局限性，"苛刻度确实比任何水果都要高。"

"能快递吗？"我问一个实际的问题。

"很难，比杨梅、草莓和无花果都难。"陆其华说："像杨梅这些有点挤压碰伤还是能吃，但槜李一旦碰伤，人家就说你这个坏了，水都流出来了。"

"这个品种现在辐射了多少面积？"在陆其华的不懈努力下，槜李不仅在原产地嘉兴、桐乡等地恢复生产，而且已经推广到外地。

"槜李不能等同于一般的水果，它是一种文化现象，有几千年的文化积累，应该把江南的文化融入槜李当中，当作一种艺术品来传播。现在除了西藏、青海、海南和台湾之外，其他省份都有槜李了，大概有1 000多个地方了。"陆其华应道。

"这些辐射出去的种植点，种植相对成功的占百分比多少？"由于在商品流通环节存在致命缺陷，我对远离槜李原产地文化背景之后的种植前景持有一种怀疑的态度。

160元 / 盒的槜李

"这个比例还是比较大的，像整个湖北、湖南、贵州、云南等地基本都可以种。"陆其华翻出手机中的照片跟我说："这个是广西桂林的，种出来也相当好，比我们这里还漂亮。"

"那从经济效益的角度来讲呢？"我追问道。

"种这个品种一般不宜超过30亩。像贵州、重庆有几个面积在30亩左右的园子直接做观光采摘，价格还可以，能卖到三四十元一千克。"陆其华中肯地说："但整体上的经济效益现在还算不上。"

在他的园子里，8个装的礼品盒售价是160元 / 盒。吃这么一个布满斑点、重一两半的小李子需要花一张20元的人民币。

"有成就感吗？"在交流的过程中，我发现陆其华不大愿意聊效益方面的话题，所以问了一个精神层面的问题。

"应该也有一点吧！"陆其华笑着说："我在园艺方面一直是尊重权威，但不是完全相信权威，有时也会质疑权威、挑战权威。像原来这么多专家说不行的，现在我把槜李的生活习性基本上摸透了……"

"那今后有什么打算？"我问这位已经在槜李上耗费30余年光阴的学长。

"人的一生，名利并没有多大价值，最主要的是留下能够传承的东西。能够把槜李这个传统优良品种延续下去，再写几本书，我就可以给自己画上一个圆满的句号，其他没什么了。"他淡然地说。

能做到这一点，我觉得除了爱好，还真需要一点情怀，而且需要真情怀。

2019年6月19日

第五章

精品，是我们的方向

中日之间的差距

2018年6月21日，上海哈玛匠果园的老板黄伟（右）给我寄来一箱桃子，包装挺精美的，日式风格，里面装着6个桃子，大小都在6两以上，我测了其中3个桃子的糖度，都在15%以上，最高测定值为16.5%。口感很甜，甜得清澈，回甘悠长；汁液也多，滴滴哒哒，吃得满地都是。

我回复黄伟说："在这个梅雨季节能吃到如此美味的桃子绝对是一种人生享受。"

黄伟在上海的桃园

哈玛匠果园位于上海市青浦区金泽镇三塘村，门口很不起眼，与上海很多高大上的果园相差甚远。园子也小，只有30亩地。

除了桃子，还有玫瑰色的李子、黄绿色的葡萄、褐色的梨子，还有几株甜柿中的极品——太秋。所有品种都来自日本，连园主黄伟的长相也像日本人。

黄伟的主业是经营日本化妆品，长年奔波于中日之间。一次偶然的机会，黄伟认识了日本山梨县的资深桃农有贺浩一，并与这位比自己年长30岁的老先生结成忘年之交。

2010年，已经年过七旬的有贺浩一跟黄伟说："你们中国的桃子品质不行，你能不能把这些苗带回去，我来教你，你把它种好。"

黄伟心想搞个果园也不错，然后急匆匆地回国在青浦区找了几亩地，把从日本带回来的七八个品种种了下去。有贺浩一每年冬天都来中国帮黄伟剪枝，每个生长季节都会打电话告诉他该做什么事情。同时，还给黄伟引见了国内知名的桃树专家，包括国家桃产业技术体系首席科学家姜全、上海市农业科学院林木果树研究所所长叶正文等。

"当时我啥都不懂，叶所长过来时跟我说，你怎么不开沟啊？我还挺纳闷的，种桃树为什么要开沟……"就这样，黄伟在中日两国的名师指导下，从一个农业小白迅速成长。

2013年，第一批种下的桃树开始结果了。黄伟借助自己积累的商业资源，在苏浙汇（上海高档餐饮连锁企业）卖出88元一个的高价，销量和消费者的反馈都不错，这让黄伟信心大增，于是就把周边的土地陆续拿了下来，开始大规模地从日本引进新品种。

短短几年时间，黄伟已从日本引进了70个桃树品种，30个葡萄品种，还有3个

有贺浩一和他的 NEC 机器

李子品种和2个砂梨品种。

"我在这里最花力气的就是清洁和改良土地，包括捡各种各样的垃圾——塑料瓶、塑料罐、塑料袋，像这样的小推车，就捡了1 000多车。在这里的工人第一要求就是不能乱扔垃圾，看到了就必须捡；然后是除草剂坚决不用，用机器割草；还有就是选用内蒙古的有机羊粪。"

黄伟改良土地的方法也很特别，他用工程打洞机在每株桃树下打8个孔径30厘米、深度60厘米的洞，下面先垫10～20厘米厚的黄沙，然后把有机肥和挖出来的土混合，再埋进去。

"有贺先生说了，我这里的土质根本不能和日本相比，日本果园的土壤可以用手直接抓起来，而我们这边的土壤用铁锹都挖不进去，所以只有这种方法才能改良。"

黄伟还介绍，在日本他看到学校食堂门口有一种NEC的机器，学生们把剩饭剩菜倒进去，24小时后就能做成像咖啡豆一样的肥料，还有一股香味，有贺浩一和他周边的农户都在用这个肥料。

"日本的人工费比中国贵，土地也比中国紧张，为什么种得这么稀？"有一次黄伟在日本的时候，专门去丈量了种植密度，行距8米，株距8米，高度也差不多8米，所以他就问有贺浩一。

老先生告诉他，日本在近百年间研究过各种桃树树形，最后发现两主枝自然开心形的受光面最大，生产出来的果品质量最高，而且6年以上的树体单株结果量可以达到1 440个，商品率能达到90%，最终产量要比中国一亩地种200多棵的普通桃园还高。

黄伟第一批种下的桃树很不规范，8米×8米、6米×6米、5米×6米的株行距

日本果园的机械作业

日本农业的老龄化问题非常严重，管理果园的基本上都是70岁左右的老人。与高龄从业人员相配套的是果园机械的普及，在田间随处可见各种个头小巧、操作灵活的果园机械，包括打药机、割草机、旋耕机、升降平台和小型挖掘机等。这个季节用的最多的是小型的操作平台，作业者站在操作平台之上进行花蕾采集（疏蕾），无论行走、升降，都能操作自如。

上）日本小型作业平台
下）日本乘坐式打药机

日本桃树整形系统

由于日本桃园都是一家一户的经营模式，面积较小，且山梨县的桃树正处于更新换代的时期，各个果园之间树形的变化较多，标准化程度并不高，但都采用大树冠开心形的模式，树势相对中庸，结果枝细而均匀，能做到因势利导，使树体光照均匀，尤其在细节处理方面做到精益求精，从而为生产出优质的果品打下树体基础。其整形修剪的核心目标就是从上到下都能生产出品质一致的好桃子。

左一）三主枝开心形
左二）两主枝开心形树形
左三）用竹竿引缚主枝延长枝
左四）桃树吊杆系统
下）侧枝分布状

日本果园的土壤管理

跟我们通常理解的以畜禽粪便为主的有机肥不同，日本果园更愿意把这些几乎不带肥力的有机物质（粉碎后的木屑、秸秆等）作为土壤改良的物料，这也是日本果园的土壤有机质含量远高于中国的原因。有贺浩一介绍，在日本，单位面积投入多少有机物并没有标准，能施多少是多少。另外，自然生草也是日本果园普遍使用的提高土壤有机质含量的方法。

上）果园表面覆盖有机物
下）果园生草

都有，采用的是日本传统的四主枝开心形；后面发展的就比较规范了，统一采用新型的两主枝开心形，鉴于土壤条件的制约，株行距采用3米×7米，计划在第五年的时候进行间伐。

无论是四主枝还是两主枝，哈玛匠果园中的每一株桃树上的主枝和侧枝都是用竹竿捆绑引导的。

"原来我也不理解。"黄伟在日本第一次见到这种景象后，还特意请教过有贺浩一。

有贺浩一告诉他，日本桃子从重视产量到重视质量也就是近20年间发生的转变，从原来的3~4个主枝变成现在的2个主枝，从原来的不绑竹竿变成所有骨干枝都用竹竿引缚，目的就是让树体的光照变得更好，营养分配变得更均匀，这样就能生产出上下品质一致的好桃子。

"日本对树形非常讲究，两大主枝成形后，每株树的第一主枝是相互平

可移动的反光膜和可脱卸的果袋

先根据冠幅大小把裁剪后的反光膜用卡口固定在两根四分镀锌钢管上，在拆袋后铺设在树冠四周，3~4天后桃子由青转红后撤除反光膜，这样就可以使桃子的果面着色均匀鲜艳，提高外观品质和糖度。与这种可移动的反光膜铺设方法相配套的是套袋技术，采用一种可脱卸的果袋（日本进口），有10、12、14等不同大小规格，果袋分两截，上白下褐（蓝），在桃子缝合线之外的果皮开始泛白的时候拆下截果袋（一拉即可），只保留上部白色部分。一株桃树可以根据果实不同发育情况在2~3天内完成拆袋工作，而后铺设反光膜。

146

行的，第二主枝在第一主枝的上面，也是相互平行的。他们对主干的高度、第一主枝和第二主枝的高度，以及离地面的高度，都有非常严格的要求，大家都是长得差不多的形状。所以在山梨县，桃子都能达到很高的品质。"

"还有日本的反光膜铺设，他们是把反光膜裁成一块块，用卡子卡在两根水管之间，平时可以卷起来，使用的时候就一个人拿过去，一摊开就好了，每株树放四块，像现在中午阳光强烈的时候就可以收起来，傍晚的时候再铺开。而我们铺反光膜是拿钉子钉下去的，没办法移动和收拢。"

对农业越了解，黄伟对日本农业的精耕细作就越佩服。

"你觉得中国和日本在桃树种植方面的主要差距在什么地方？"我问黄伟。

"日本的果品只有两种：商品和垃圾。"黄伟举了一个自己亲身经历的事情。一个桃子成熟季节，他做客有贺浩一家。主人正在采摘，随手扔了一个又大又红的桃子，他很诧异地问有贺浩一：这么好的桃子为什么要扔掉？主人回答说：有个小裂口。他疑问道：可以给我吃啊，又不影响品质。有贺浩一笑笑说：我怎么能把垃圾给客人吃呢！

"在日本，只有符合标准的产品才能进入市场；但在中国，桃子的数量很多，现在质量上还没办法达到一个统一标准。"黄伟说："我觉得中国和日本的差距在于，国内目前还做不到日本的精细化管理，包括在技术方面。"

"那从技术方面讲，你觉得是把日本全套技术照搬过来好，还是结合中国的国情包括刚才讲的性格，稍加改良的好？"

"我觉得照搬过来是一条捷径。"黄伟说："我也曾就这个问题问过有贺先生，他说了一句，既然我们都已经走过这个弯路了，你还要去走，我觉得没有意义。就像现在的树形，日本主干形、开心形以及其他各种各样的树形都做过，最后认为株距8米的二主枝自然开心形是最理想的，果实品质是最好的，经济效益也是最高的。"

"也有人质疑，像日本这种精细化管理需要投入大量的劳动力，在中国推广不现实，这个问题你怎么看？"我提了一个别人问过我的问题。

"现在日本经营果园的多是70岁左右的老年人，规模通常在一二十亩，而且基本上都是夫妻两个人做全程管理，当然还有机械的利用。日本的人工费比我们贵，土地比我们紧张，既然他们能把这种模式做下来，我觉得在我们中国做这种模式的成功率还是蛮大的。"

"还有一个因素，因为日本的水果价格是比较高的，你觉得在中国这样高的价格有多大的市场？"我不否认高端市场的客观存在，比如这2年的阳光玫瑰和红美人都是以高价位在市场中行销，但对这个市场究竟有多大我是心存疑虑的，这也关系到

黄伟种植的桃子及仿日本的包装

日本精致化模式在中国的推广空间。

"像我30亩桃园的产品是分3个规格出售的：最顶级的特级桃6个装，零售价是388元／盒；然后是中档的 A 级桃，个头稍微小一点，零售价是238元／盒；再差一级的 B 级桃，糖度在12% 以上，8个装的零售价是168元／盒。结果是最贵最好的特级桃很快脱销，而最便宜的 B 级桃有时候会有多余的。这说明不少客人是要高价格的好东西，一般的低价果品反而不要。当然，在面积和数量扩大的情况下，价格肯定是要下来的，会有一个相对的效益稳定点。但不管价格怎么样，我认为都必须先要把产品的质量做好，只有好的产品才有机会去竞争，差的产品今后是没有市场空间的。"

"我想中国水果产业在不断发展，将来是会和日本走同样一条路，就是从产量到质量转变的这条路。"黄伟肯定地说。

2019年4月15日

凤凰佳园的改造

极品水果最大的特点不是美味，是思念，而且是一种魂牵梦萦的思念。

凤凰佳园（江苏省张家港市凤凰农业科技有限公司）的桃子里就有这样一种思念。

每次一出门，只要向北走，我都会想着去凤凰佳园，尽管去张家港对我来说并不方便。

第三次走进凤凰佳园，迎接我的不再是红艳艳的桃子，而是更加娇美的桃花。因为有大棚保温，凤凰佳园的桃花开得比周边所有桃花都早，但今年的花却开得并不茂盛。

凤凰佳园的主人颜大华（上图）告诉我，园子里的桃树正在做一次翻天覆地的"大手术"。

2016年果实采收结束后，颜大华砍掉了绝大部分正值壮年的主干形桃树，让早春就定植在行间已初具雏形的 Y 形幼树取而代之。

除了那些能让我魂牵梦萦的极品品种，如金霞油蟠。

颜大华种植桃子的历史并不长，从种下第一棵桃树算起也就10个年头，建立凤凰佳园的时间更短，只有8个年头。

取名"凤凰佳园"，颜大华是要做"凤凰镇最好的精品桃园"。

凭借与众不同的精品理念，凤凰佳园迅速成为凤凰水蜜桃中高端产品的代表品牌，代表最好吃的桃子，也代表最贵的桃子。

水蜜桃40元／千克起，油桃30元／千克起，蟠桃、黄桃60元／千克，油蟠桃100元／千克。

关键是我们还买不到。

"最火爆的时候我们是关着门做生意的。"颜大华说，由他批条子，客户在门外拿，包装好一箱递出去一箱。碰到十分紧俏的时候，只能根据领导的职务大小从高到低分配，先保证"大领导"。

"那个时候桃子销售太好做了！各个政府机构都在送桃子，送给上一级的对口部门。"颜大华当时80%的桃子是被政府采购去的。

但好景不长，随着新一届政府刮起的一场声势浩大的"反腐风暴"，在"老虎""苍蝇"纷纷落地的同时，也切断了颜大华最主要的销售渠道——政府采购。

从2014年开始，凤凰佳园的总销售额出现了较大的滑坡。

"原来政府采购占80%，零售占20%；2014年的时候反过来了，政府采购最多只有10%~20%。"颜大华似乎经历了一场大的经济风波。

在种桃的10年间，颜大华还不是第一次经历风波。

早在2008年，从已露颓势的鲜切花行业中跨越过来的颜大华来到张家港市凤凰镇投资种桃，走的是"高大上"的路线：大棚设施、大树移栽、蒸汽加温。

不料当年就遇上百年一遇的南方雪灾，大棚被压垮了，懂技术的合伙人也跑了。

"怎么办？不能大雪压一下就不行了！"

干事业的人都有一股不服输的倔气，颜大华也不例外。

于是，他又在凤凰镇重新找了一块地，也就是现在这块占地120亩的园子——凤凰佳园。

尽管让大雪压垮过大棚，但颜大华依然把设施栽培作为自己的突破口，他在120亩的桃园中建了80余亩的连栋大棚。

"设施栽培的最大好处就是品质能够得到保证。"颜大华说。

凤凰佳园的大棚设施

江南多雨，桃子的品质随天气的变化而变化，而大棚中的可控环境可以让这种变化变到最小。

"2008年虽然大棚压垮了，但果子还保住了一部分，那年的果子是全送人的，没有卖，我们都是选的最好的果子送出去。"

2009—2010年因为新建园还没有桃子，凤凰佳园的桃子都是从当地果农那里收购来的。"如果果农在马路边卖10元／千克，我的收购价是16元／千克。"颜大华的要求是："你把最好的桃子给我。"

2012年，颜大华自己桃园生产的桃子已经能够供应上销售渠道了。凤凰佳园在颜大华精品意识的指引下，正在走上了一条阳光大道，而且是一条让人羡慕的"官道"。

"怎么办？总不至于只有一条道路吧！"在"官道"被切断后，颜大华在农业的前行道路上又一次面临抉择。

颜大华的最后决定是：对凤凰佳园做一次全面而彻底的改造。

"原先对品种不是太了解，种得比较杂，不便于管理。"颜大华在种桃的过程中得到了江苏省农业科学院和上海市农业科学院的大力支持。在果园里，我看到过很多2家科研单位新选育的品种（系），极品品种金霞油蟠就是江苏省农业科学院的杰作。

颜大华从中筛选了十来个优良品种。

"我选择种不耐运输的品种，品质要好的。"颜大华语出惊人。

"种不耐运输的品种？"我明显有点迟钝，因为我了解到现在国内做桃品种选育的科研院校都把耐运输的硬溶质桃作为主要的育种目标。

"对，我反而是要种不耐运输的品种。"颜大华非常肯定地回答："现在包括无锡阳山在内的桃产区都喜欢种硬肉桃，但我的想法不一样，我要做跟普通果农不一样的品质。"

"我们把油桃做成水蜜桃一样，可以撕皮，扒一个洞，拿个杯子，手一捏，半杯果汁就出来了，非常香甜。"除了选择不耐运输的品种以外，颜大华还喜欢把硬肉桃做成水蜜桃式的产品。

"6月15日之前尝鲜，桃子销量少；7月中旬最好卖；8月20日以后吃桃子的人也很少。"颜大华根据当地市场的消费习惯，把桃子的供应期设定为6月上旬到8月底。

6月主攻油桃：6月上中旬的紫金红1号、6月下旬的沪油018；

7月主攻水蜜桃：7月上中旬的白凤、7月下旬的湖景蜜露；

8月主攻黄桃：8月上旬的锦园、8月中下旬的锦绣。

蟠桃和油蟠桃贯串其中：6月底7月初的银河（Galaxy）、7月中旬的金霞油蟠、7月底8月初的玉露。

"供应时间长才容易打造品牌。"这是颜大华对品种搭配的认识。

虽然种得好的果园都会重施有机肥，但颜大华的重施是让人吃惊的。

建园时一亩地6吨羊粪，结果园一亩地2~3吨羊粪，外加50千克有机生物肥。

在凤凰佳园新改建的露地桃园中，我还第一次见识到透水管在果园里的应用。

"虽然高垄适合江南地区排涝，但是不便

于机械化操作。"颜大华在定植沟中埋下大量有机肥的同时，还埋下一根管径8到16厘米不等的软式透水管，深度20~30厘米，管子的两端挂在两侧的排水沟中。

颜大华设想用透水管来替代行间的排水沟，使桃园更适合于机械化作业。

大棚里最大的变化是原来的主干形全部变成了Y形。

"主干形很容易上面长成一把伞，然后一层一层叠下来，果子见不到阳光，顶上的桃子都很好吃，但1米以下内膛的桃子是一点味道都没有的。"颜大华嫌弃主干形的主要原因是郁闭。

我第一次来到这个园子里也没看到多少个桃子挂在树上，颜大华掀起下垂的枝叶，里面都是桃子，密密麻麻的，触碰不到我的视野，也见不到阳光。

颜大华认为当主干有了倾斜度之后，一方面有利于缓和树势，另一方面可以让树冠的每个角落都能晒到阳光。

8米宽的大棚原来每棚种3行，株距是1.5米；现在改成2行，株距是2米，种植密度从原来的200株减少到80株。

"那对产量会有影响吗？"我问道。

"我认为不会有影响。"颜大华回答道："现在的高度上去了，原来的主干形最高只能留到2.5米，现在最低的长到3.2米，最高的要长到4.5米。"

大棚顶高5.5米，肩高3米，颜大华设计的一高一低的"Y形"两主干分别对应临近顶高和肩高两侧的大棚高度。

颜大华计划买个升降平台，以适应树冠增高后的农事操作。

凤凰佳园的主栽品种

左一）紫金红1号（江苏省农业科学院园艺研究所选育）
左二）锦园（上海市农业科学院林果研究所选育）
左三）银河（美国农业部加利福尼亚州Parlier研究中心选育，江苏省农业科学院园艺研究所引进）
左四）金霞油蟠（江苏省农业科学院园艺研究所选育）
上）沪油018（上海市农业科学院林果研究所选育）
下）春美（又称突围，中国农业科学院郑州果树研究所选育）

上）改造前的主干形
下）改造后的Y形

品种变了，模式变了，颜大华唯一不变的是他的营销理念："让消费者吃到最好吃的桃子。"

颜大华要求的桃子成熟度是八成熟到九成熟。"但这种桃子怎么送到消费者手里，怎么做宣传，怎么卖得好，这是最关键的。"

"必须要让消费者尝到你的产品。"颜大华前几年用了很多方法，包括做户外、电视等硬广告，效果都不理想。

"你不让他尝到是没用的，消费者是不会接受你这个广告的。"颜大华深有感触。

在成熟季的时候，每当有客户走进"凤凰佳园"，颜大华都会让他先品尝桃子，然后扫个二维码，加个微信，或者留个电话号码。

"他们在现场吃到以后，在自己朋友圈里一发，他的朋友们就容易相信。"颜大华认为微信是现在最好的宣传工具。

"去年我们在互联网上做的销售包括发到全国各地的这些客户，实际都是他们的亲戚朋友在我们这边吃到的，感觉到好吃，寄个一盒、两盒过去，他们吃了以后觉得好吃就会根据我放在盒子里面的二维码加我好友，或者电话，在网上向我直接购买了。"颜大华在2016年就加了上千个微信好友。

就这样一传十，十传百。

2016年，凤凰佳园网上销售的量占到总量的10%。

"那还有90%是靠什么样的渠道销

包装箱内的产品介绍和二维码

售的？"我问道。

"刚才说到政府采购这块不是没了么，但是还有那么多吃过政府采购的这些桃子的人中起码有30%~50%，因为怀念以前吃过我们的桃子，他们自己过来了，只不过以前是政府买单，现在变成自己掏腰包了。"

这些"吃上瘾"的散客成了2016年凤凰佳园最主要的消费群体，消费量占到总量的一半以上。

"还有一部分是企业团购。原来是政府采购送政府，现在是企业老板送客户。"颜大华说："这部分消费者以前是拿不到我的桃子的，现在也成了我的主要消费群体。"

"现在我认为还是要靠品质，品质好了以后，消费者去年吃了，今年还会想着来吃桃子的。"颜大华和他的销售团队成员的手机中有着几千个微信好友，只需要在每个产品成熟的时候在朋友圈中发个信息，就能起到很好的广告效应。

"所以我感觉销售是靠平时的积累，不是靠什么营销手段。"

2016年，凤凰佳园的总销售额已经有了明显的回升，达到2012—2013年最高峰期的80%。

"'八项规定'的出台对我们这种追求质量追求品牌的企业来会说，反而有很好的作用。"颜大华总结了这几年的政策变化对他带来的影响。

我有点疑惑，问："这个怎么理解？"

"原来是靠关系，谁有关系，谁就能卖桃子。像以前跟我们一起做的一些人是完全靠关系，没有注重自己的产品质量，没有注重自己的品牌，现在都'死'掉了。"说完，颜大华举了一个例子：一次在农展会上，面对面的展台，凤凰佳园是卖二三十

游客在凤凰佳园赏花

元一个桃子，对面展台卖六至十元一千克，"他们还没销量，我们照常卖得掉。"

"原来要拼关系，现在是硬碰硬的，消费者来买桃子肯定看好我的品牌，看好我的桃子。"颜大华已经完全没有了前几年低谷期那种失落的心态。

离开的时候，凤凰佳园的门口停着一辆大巴车，几十个人正簇拥着奔向大棚里看正在盛开的桃花。

"这些都是我的潜在客户。"颜大华对我说："你明年3月再来，桃花会开得非常漂亮。"

这个我相信，经过这场全面而彻底的改造，不光桃花会开得更加漂亮，桃果会结得更加甘甜，凤凰佳园还会迎来品牌的春天。

2017年3月16日

管老板的新思路

管华明（上图）是一个很敏锐的人。

1986年开始种葡萄，1998年搞大棚栽培，2010年通过绿色食品认证，2011年获得上海市优质葡萄评比金奖，2012年引进阳光玫瑰……而后的操作更是"开挂"一般，从2014年到2016年，用了3年时间把原来种的巨峰、夏黑、巨玫瑰等常规品种悉数改成阳光玫瑰，成为上海践行"八项规定"之后转型最成功的一家果园。

"你最早吃到阳光玫瑰是哪一年？"我追溯一下历史。

"2011年，当时南京农业大学的陶建敏教授来上海，带来一串阳光玫瑰，我吃了大半串，非常好吃；2012年就种了10亩地，长得不理想；2013年结了一点，我也不重视，因为那个时候其他品种还好卖得很……"

在那时，但凡能做出好品质或者与当地政府有点关系的上海果园的日子都很好过，或政府和企业团购，或结合农家乐的形式产地直销，都不愁卖，价格也好。

阳光玫瑰

　　"'八项规定'一开始实施，我马上转过来了，因为卖不掉了，再这样靠自己的门店卖一点我喝西北风去了。"管华明回忆起当年的经历颇有自豪感，"打个比方，'八项规定'出台之前我每年能卖10万千克葡萄，出台之后，我只能卖7.5万千克，2.5万千克扔掉了。那2.5万千克我就通过品种更新把它消化掉了，我把树砍掉了换品种，不是只有7.5万千克了嘛，所以我的有效产量并没有减少，是这样子转型过来的。"

　　"当时为什么就这么看好阳光玫瑰？"我问他。在这之前，他还狠狠地批评了苗商对新品种的无良推送。

　　"我看好这个品种主要是两个方面，一是它是挂果时间长，树上挂着不会坏的；二是运输方便，不掉粒。"管华明说。

　　但是，几乎整个马陆都还是像以前一样在等待重回过去，对阳光玫瑰的风口明显有点知后知后觉，少有像管华明这样的敏锐和大胆。一直到2019年，整个马陆的阳光玫瑰还不到500亩，不及总面积的1/10。

　　"你觉得为什么阳光玫瑰在马陆的发展这么慢？"

　　"有几个原因吧。"管华明回答问题时的条理性很强，都能罗列出一二三来："第一个原因是土地资源，在马陆，已经没有新的土地可以发展葡萄了，这是最大的瓶颈；第二个原因是马陆葡萄的种植主体多是散户，面积不大，超过30亩面积的没几家，让他们品种更新，一砍就损失两年，他们不舍得；第三个原因是因为马陆葡萄出名已久，家家户户都有自己的消费群，尽管这两年难卖，但不管怎么样，卖20元/千克也不错了，所以在这种前提下导致他们不去考虑品种更新。"

"你觉得除了这几个原因之外，还跟很多果园经营者认为'巨峰才是真正的葡萄'这个观点有关系吗？"在这几年马陆葡萄的交流会上，我是明显感觉出有这种抗拒新品种的心理。有一次我就忍不住提出质疑：当上海的消费者尝到香香甜甜的阳光玫瑰之后，还有多少人会觉得酸酸甜甜的巨峰才是最好的葡萄？

但是，大多数人还是无动于衷，只有管华明是完全认可的。除此之外，他还认为："巨峰在上海想种好，太难；北方的巨峰颗粒大、乌黑的、果粉雪白雪白的，价格又便宜，尽管口感不怎么好，但只要一上市，我们就卖不掉了。我们要生产出一个极佳的商品，要具备天时地利人和。"

正是基于这种对市场和品种的准确判断，管华明迅速调整了思路，把马陆基地的115亩葡萄园除保留20亩常规品种配合农家乐的运行之外，其余面积全部改种阳光玫瑰，加上浦东基地的55亩，实种阳光玫瑰150亩，成为上海阳光玫瑰的种植龙头。

"去年阳光玫瑰投产园的平均效益有多少？"我问转型后的结果。

"去年还有几十亩园子没有投产，全部算进去大概每亩的效益在5万元左右。好的投产园一亩地基本上能达到十几万元。"

"价格大概多少？"

农家苑园景

159

人均产值50万元

在上海马陆，葡萄园的管理都采用劳动力承包的模式，一般一对夫妻工管理10～12亩地，而农家苑的管理会更加高效，其中马陆基地一对夫妻工管理16.5亩，南汇基地一对夫妻工管理18.5亩。管华明介绍，提高工效需要几个基础条件：第一个要有大棚设施，作业不受天气影响；第二个是省力化的栽培模式，包括适合省力化栽培的品种；第三个要有利于机械化作业。他的目标是每个员工的人均产值能达到50万元。

"去年平均价格在60元/千克以上。这里的门市价是80元/千克，网上销售100元/千克，发往深圳、北京市场的价格是70元/千克……"与品种更新相配套的，管华明也调整了销售思路，从原来单纯的产地直销变成以接轨大市场为主的销售模式，并获得了让众多葡萄园"羡慕嫉妒恨"的经济效益。

"你给盒马鲜生是什么价格？"我们刚到的时候，盒马鲜生的采购员刚走。

"我们刚才谈的就是价格问题，我反正按照一般的行规来。你卖60元/千克，我给你30元/千克；你卖80元/千克，我给你50元/千克。他说OK，这是行规啊！"

紧接着管华明又聊到其他种植户转型难的另一个原因："有好多种植户是不理解的，我辛辛苦苦种了一年，投了这么大的成本，我给你50元/千克你卖80元/千克，你心也太黑了。他们不知道销售商还需要广告、包装、门店费等运营成本，这些成本加起来起码要20元/千克，再加上损耗，他一斤也赚不了几元钱。你按照产地直销的思路跟销售商谈，怎么谈得拢，这是一个心结，他们打不开。"

"那你的生产成本是多少？"

"像我这两年卖30元／千克就能保本，包括还没有投产部分的成本。等全部产出，按亩产1 000千克算的话，生产成本在20／千克左右，如果卖60元／千克利润就很高了。"

"盒马鲜生全包吗？"我听说盒马鲜生的需求量很大。

"现在不是全部要的，他每天给订单的，我按订单数量给足货就可以了。"管华明应道。

"那给他的货要不要分档次的？"

"分的。"管华明说："1千克左右的算一级果，颗粒均匀，糖度必须18%以上；0.75千克左右的算二级果；还有三级果……"

"那还是1千克左右的最贵？"我疑问道。与2017年我第一次到农家苑看到的相比，今年的果穗大小有明显减少，所以我原以为他是跟着市场走，市场在往小的方向发展，但一听结果却不是这么一回事，这让我非常疑惑。

"现在市场上是喜欢1千克的，但是要达到1千克必须有个前提，你的树必须要有力，如果树体不给力的话，还不如0.75千克的口感好，1千克的只有甜没有香味成熟又晚就有问题。现在的客商都很聪明的，他挑一串葡萄中最底下的果子一测，18%，OK，底果18% 那上面的起码20% 以上。"管华明道出其中奥秘。

"其实在日本也有过这么一段历史。阳光玫瑰刚出来的时候，他们很严格地控制在0.5千克左右，口感非常好，结果一炮打响。但火了之后，日本人也是走了我们的弯路，0.75千克，1千克，甚至1.25千克，结果香味没有了，风味差了，马上市场就下去了；下去了二年，他们又重新回过来，定了标准，现在日本人的阳光玫瑰基本上不会超过0.75千克的，都在0.6千克左右。"

"中国也一样，再过2年，这样的阳光玫瑰肯定也是卖不掉的，所以我的标准是要达到上下一致，中等偏旺的树势，不超过40粒，单粒重达到15克以上，这样穗重也在0.6千克之间，最大不会超过0.75千克。"

"让产量下去，让品质上去，我的目标是打造长三角最好的葡萄园。"管华明满怀信心地憧憬着未来。

2019年6月12日

日本植原葡萄研究所的葡萄大树形

日本阳光玫瑰的分级

日本山梨县农协把出品的阳光玫瑰分为5个
等级：秀A、秀B、加圈的秀、红色的秀和
A，相当于特秀、秀、优、良和无这5个等
级。因为阳光玫瑰不是着色品种，所以不像
巨峰一样把颜色、果粉等作为评判指标，而
以果穗形状、果粒大小和均匀度作为划分
等级的标准。其中特秀要求果粒重在18克
以上、果粒数35～38粒、单穗重700克以
下，要求每一粒大小均匀、排列整齐；秀的
果粒重在15～18克；果粒重低于15克的为
优；低于10克的为无。糖度标准均为18%
以上，不分等级。产量标准为1 000平方米
1 500～1 800千克（1 000～1 100千克／亩）
或3 000串，负载过高不仅影响品质，还会
影响树的寿命。

日本笛吹市浅间园的阳光玫瑰

涨价的秘诀

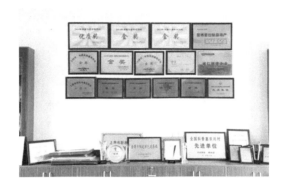

上个月，卢玉金又从全国优质鲜食葡萄评比中捧回两个金奖，一个矢富罗莎，一个金手指。

矢富罗莎很美，如红衣女子般的触动视觉；金手指很甜，伴随浓郁的香气，如恋爱中的少女，沁人心扉。

从2001年创立"施泉"品牌开始，位于上海市金山区吕巷镇白漾村的施泉葡萄园已经获得了12个全国金奖和12个上海市金奖（上图）。

尽管很多品种都拿过金奖，但在施泉葡萄园目前种植的十几个品种中，卢玉金对自己的金手指最满意。

"无论穗形还是品质，在上海很少有比我好的金手指。巨峰和巨玫瑰的品质会有些波动的，但金手指非常稳定。"在卢玉金的园子里，这3个都是主栽品种，销量很大。

"金手指不存在坐果的问题，种植的关键是副芽管理。副梢萌发后务必要留一叶尽早摘心，并保持这张叶子别掉了，这样金手指的果穗就比较大。"

卢玉金很喜欢聊技术，不像有些园主对自己的核心技术讳莫如深。

"其他品种副梢长一点没关系吗？"我问卢玉金。

"有的品种长一点无所谓，比如夏黑，夏黑的花序很多；红提就不行，红提副梢一长，花就没有了。"

在葡萄管理中，如何根据不同品种特性处理好副梢，是促进花芽分化的一项关键技术。

"巨峰和巨玫瑰主要是花期不能低温，花期如果遇到低温坐果就不好，大小粒会非常明显。"卢玉金说出了这两个品种"波动"的原因："如果花期夜间温度在15℃以上，那肯定没有问题的，你尽管放心去睡觉。"

"还有高温也不行，超过32℃，到35℃以上的高温，哪怕就是1～2天，坐果就不好了。巨峰和巨玫瑰特别明显，这两个品种高温和低温都不行，坐果最好的温度是15～30℃。只要保持在这个温度区间，坐果都没有什么问题。"

卢玉金认为在葡萄种植中，难点并不是花芽形成，而是气候引起的坐果问题。在他的心目中，金手指、比昂扣、秋红是属于最容易管理的一类品种，难度最大的是巨峰。

"巨峰需要中庸偏弱的长势，首先种植距离要大，10米一棵树。到花期前后，就必须天天在田间观察，如果花前长势比较旺的话，可以用断根的方法控制；进入初花期后，主梢摘心，副梢摘心，把过密的枝条全部掰掉，光照条件要好，才能让它的生长势相对弱下来。"

"你的巨峰是不处理才难种吧？"我在家乡接触到的巨峰并没有这么难种，用植物生长调节剂处理一下就能保证坐果率。

从左至右为：
金手指
矢富罗莎
巨峰
早生内玛斯
申华

"对，如果处理就没啥难度了。处理了就大肥大水，你浇水施肥就好了。"

"那你为啥不处理？"我傻人傻问题。

"处理后影响品质，巨峰的香味没有了，颜色也不好，口感差，肉质完全不一样。"

"还有，处理后就卖不出50元/千克的价格，只能卖12元/千克了。"卢玉金补充道。

16年前，卢玉金种出来的葡萄就是卖12元/千克的。

1999年，给浙江大学陈履荣教授当了7年科研助理的卢玉金独自来到上海创业，在金山吕巷镇建了一个50亩的园子，种了里查马特、白鸡心、巨峰、藤稔等十几个品种。采用的树形是屋脊型的篱棚架。

2001年投产，一部分以12元/千克的价格在园中销售，另一部分以5~7元/千克的价格送批发市场，销量各占一半。2004年以后就不送批发市场，全部自产自销。

由于管理到位，葡萄质量好，卢玉金的葡萄在经历短暂几年的"自力更生"后，便进入了当地政府的视线，被树立为金山果树的一个亮点，省部级的领导都来过好几波。

于是，名气就大了，品牌也有了，项目也多了，面积从原来的50亩扩大到现在的200亩。

除巨峰还是主栽品种外，原来的品种都换成金手指、巨玫瑰、醉金香、阳光玫瑰、夏黑等又香又甜的新品种。在园中，我还尝到一种有荔枝香味和口感的葡萄。

上市期从6月一直延续到11月，其中7月下旬到8月底是上市高峰期。

卢玉金（左）和上海农业科学院骆军研究员在交流葡萄种植技术

树形从原来的篱棚架改为 V 字形和 T 字形。

化肥越用越少，有机肥越用越多。

"原来产量比较高，基本上是亩产 1 250～1 500 千克，每亩地的化肥用量 35～40 千克，现在减少到 10～15 千克，像巨峰这些品种的化肥用量就更少了。原来一亩地用 2 吨湿牛粪，现在用干的商品有机肥 3 吨，有机肥用量相当于原来 2～3 倍。"

品种变了，品质变了，价格也跟着变了。

"2013 年以前的葡萄非常好卖，以政府和企业团购为主，临时来的散客都不卖的，需要先打电话预约。价格是每年涨 4 元 / 千克，一直涨到 2012 年的 40 元 / 千克。"

"涨价"成了施泉葡萄园的主旋律。

但从 2013 年开始，由于政府严格控制三公经费的支出，团购剧减，施泉葡萄园不仅丧失了"涨价"的动力，而且从不愁嫁的"皇帝女儿"一下子变成了"大龄剩女"。

于是，卢玉金开始注重品牌宣传：举办金山施泉葡萄节，在市区增设销售点，

施泉葡萄的多品种组合包装

淘宝销售；在园区，各种用于满足普通消费者观光采摘的配套设施也应运而生。

300米的葡萄长廊，齐整茂盛的枝叶，整齐划一的结果带，一队队的散客在长廊下行走，极具画面感。还有嫁接了18个品种的"联合国葡萄王"，以及专供消费者休憩玩乐的葡萄休闲大棚……

"2013年开始，团购少了，散客多了，销售总量渐渐也差不多了。"

在经历了3年的调整期后，2016年，"施泉葡萄"的价格又开始蠢蠢欲动，一部分品种涨到50元／千克。

"今年全部50元／千克，这种2千克装的小包装售价100元。"卢玉金指着成堆包装好的产品跟我说，"现在的消费群体主要是私营企业主、白领、公务员等高收入家庭。"

很明显，"施泉葡萄"已经完成了消费群体的转换，重新步入了"涨价"的主旋律。

2017年的葡萄特别甜。

在一次品测活动中，施泉葡萄园的巨峰和巨玫瑰测出的最高糖度都超过23%，金手指超过22%，连只重颜值的矢富罗莎也能超过19%。

"想让葡萄甜，一是有机肥要多，土壤要疏松；另外就是适当的留枝量和留果量，像巨峰一亩地的产量控制在750～900千克，留枝量要均匀，不能太密，光照条件要好。"卢玉金道出让葡萄"酶甜"的诀窍。

"那你种了这么多年，对种葡萄有什么心得？"我问道。

"最大的难点是每年的气候变化都不一样，这是葡萄管理中最大的问题。"卢玉金列举了大棚覆盖时间、大棚温湿度调控等关键节点。

上海旅泉葡萄园中的葡萄长廊建于2011年。长廊长300米，宽7米，减去两侧伸出的廊檐各80厘米，通道宽尚有5米有余。长廊高3.5米，上衔拱形钢架，拱顶离地5.5米，再覆塑料薄膜壁雨，减少葡萄病害发生。长廊两侧各种了一排葡萄，株距4米。每排葡萄设4条结果带，立面2条，平面2条。每条结果带间隔22厘米留一穗葡萄，单株留穗量在80串左右。整条长廊能收获2 500千克左右的精品葡萄，每年能带来8万左右的经济收入。

"上海单膜覆盖的安全时间是2月上旬，2月10日之后是百分之百没问题的。双膜覆盖可以提前到1月初……早春温度低、连续阴雨，是灰霉病最容易发生的时间，展叶以后到花期需要覆盖地膜降低湿度；花期结束后（4月中旬）就可以把地膜拿掉；开始拆袋时再把反光膜铺上去，有利于上色。"

"但像今年这种特殊的40℃高温，袋子也不能拆，拆了以后果实要软掉，有反光膜软得更加快。"

所以，卢玉金认为要种好葡萄必须要把心"扑"在葡萄上，每天都要关注它，不管你有多丰富的经验。

"还要制定一个标准，没有标准，园子是管不好的。"卢玉金说。

"我现在有一个领队，由他带着工人去干活。流水线操作，比如摘副梢的就摘副梢，绑枝条的就绑枝条，按品种的先后顺序，由队长领着大家做，完工后再检查一下有什么问题或遗漏。"

"我打算明年开始，把每个品种的标准都细化在一张卡片上，比如6米棚的留几根枝条，V形架的留几根枝条，留多少长，第几片叶摘心……工人上班前先发这样的小卡片，到巨峰种植区就拿巨峰的卡片去干活，到巨玫瑰种植区就拿巨玫瑰的卡片去做。"

"以前我对葡萄外观不是很讲究，明年开始要着重提升葡萄外观，在保证品质的基础上，尽量把外观做到最漂亮。"

在卢玉金的口中，我没有听到什么豪言壮语，也听不到"机械化""智能化"等高大上的农业方向，"用心"和"实干"贯穿着他20余年的葡萄生涯。

这也正是施泉葡萄园能在上海"马陆葡萄"巨大的光芒下脱颖而出、并实现连年涨价的秘诀。

2017年7月30日

品质与效益的平衡点

"来来来，你尝尝我的阳光玫瑰口感跟日本的有什么区别？"沈金跃（上图）从园子里剪了一串葡萄，递给我们品尝。

我们刚从日本游学回来，他想乘着我们还有味蕾记忆，能给他的阳光玫瑰一个准确的评价。

穗形不小，果粒很大，起码有十七八克，我尝了一下，口感也很好，香甜。

我这趟在日本其实只尝过有贺浩一家的阳光玫瑰，难说就有代表性，所以尝第一粒的时候不敢评说，只觉得口感相当不错，但当连续吃上四五粒的时候，就感觉有点腻了，而有贺浩一家的阳光玫瑰我吃了一整串还有"余情未了"的感觉，随即顿悟，对他说："日本的阳光玫瑰口感清澈，你的口感有点混浊。"

这有点像男人喜欢美女的类型，有的喜欢性感妖艳的，有的喜欢清纯可爱的，不能说哪个对，哪个错。

倒是前段时间重庆吴小平寄过来的阳光玫瑰的口感跟日本的很相近，香甜不腻，想必是他大量施草炭、菌渣等植物源有机质的功劳。

"对的，你看我今年新建园的基质就尽量用肥力很低的植物源有机质，比如菌渣、酒精渣、山核桃壳……"沈金跃对我的评价非常认可，也明白其中道理，这几年也不断地在调整自己的种植策略。

"今年效益怎么样？"我问沈金跃。

这段时间嘉兴市场的阳光玫瑰行情很差，差到不好意思问行情，这种感觉就像在熊市中问别人手上股票的价格，是提别人的伤心事。不过我已经预先知道沈金跃已经卖了大半，而且价格不错，所以才敢问这个问题。

"从来都没想过有这么好的效益。"沈金跃高兴地说："像我第一个棚是8月3日采完的，7亩地，一共卖了70万元，刚好是10万元／亩；第二个棚要低一点，7万元／亩。"

"多少产量？"

"今年产量高，除了还没采的这个棚产量低一点，只有1750千克／亩左右，其他的都是1750千克／亩。还是要先把钱赚到手了再说，哈哈！"沈金跃笑出声来，然后指着那块今年新种的大棚说："这块地绝对不会让它超过1250千克／亩，明年也不让它挂果。"

"为什么明年不让它结果？"我不解地问道。这片今年4月份定植的阳光玫瑰长势很好，半限根栽培，H形整形，树势培养得非常健壮，明年完全有条件一步到位，进入丰产期。

"去年我这片园子的阳光玫瑰是做得最漂亮的……"沈金跃没有直接回答我的问题，而是带着我们去看还没采摘的那个棚，避雨棚，也是半限根栽培，做得非常规整，"去年比今年好看太多了，果子又亮，串形又标准，上下果粒一样大，所以去年日本葡萄专家冈本五郎过来的时候我特意带他来看这片园子，结果他就坐在那边15分钟不说话，然后站起来很生气地跟我说，这棵树5年之后就死掉了。"

"去年留了多少产量？"我大致能猜出是产量的问题。

"去年这片园子也是第二年，一开始留了1250千克／亩，他走了之后我就剪了很多，最后产出是900千克／亩，那个果子确实是漂亮，所以去年对我打击是很大的。"沈金跃回想起来依然觉得有点惋惜，然后说："但是我想起以前有一次我听他讲课的时候就问过他，日本培养H形需要5年，我用2年甚至1年时间就培养出来的话，行不行？他就回了我一句'树不充实'。所以像这块地去年长势这么好，今年反倒是最差的。现在回想起来就明白他当时为什么会生气。"

　　这让我想起这趟在日本游学的时候，我也曾问过日本专家，中国的阳光玫瑰基本上都有1 500～2 000千克/亩的产量，除了品质问题，还会有其他什么问题？他们的回答是"树的寿命"。

　　"我们以前种红提，今年种，第二年高产，而且果子长得特别漂亮的，以后第三到第五年产量一直不好，坚持不到第六年，就要砍树。反倒是小树管得不怎么好的，第二年产量低的，后面的产量年年都好。"

　　"这个跟我家乡种葡萄是一样的，第二年最好，第五年就不行了。"我笑着说。为了解决这一问题，我在2014年前后还做了一个课题，采用不同基质培养容器苗，在第五年前后树体出现衰弱、品质下降时，待葡萄采收后立马砍树，并把容器苗补种进去，第二年照样结果。

　　对种葡萄的人来说，几乎所有产区都有这个通病：急功近利。

　　"所以说第二年是很关键的，不能让它挂果。"沈金跃最终说出答案。

　　"你这块土地签了多长时间的合同？"一同去日本参加游学的冯云芬（温岭市吉园果蔬专业合作社）插了一句。

　　"这是我们最头疼的事情，合同最长的到2028年，到时候是不是我们的就不知道了。"沈金跃无奈地说。他是有心想做成一块跟日本有的一拼的葡萄园。

　　"我最怕这个。"冯云芬接道。

冯云芬（左）在品尝沈金跃种的阳光玫瑰

这也是我经常听到的担忧，但我不喜欢强调客观因素，所以我跟沈金跃说："我觉得这个问题你也不用过多去考虑，国情就摆在那边嘛。打个比方说，日本要五年才培养成形，我们不讲急功近利的方法，就像你现在在做的，起码要等一年，等到第三年才投产，用这样折中的方法去调整，而不是说我们就非得按照日本的方法用五年时间去培养树形。"

"对！"沈金跃接着说："包括我这片新种的葡萄园，现在是一行30米长，种了7株，计划到第四年只保留2株，把其他的树都砍掉，砍掉的时候这个地方一下子就空了，一般人真的承受不了，这个钱就摆在你面前。我觉得这对我来说也要下非常大的决心。所以我小面积可以弄，大面积我不敢的，1 750千克/亩、56元/千克、10万元/亩我先赚了再说。"

听得出来，在沈金跃脑海里也存在一对矛盾，一方是"品质至上"，一方是"效益至上"。与其他一味追求"效益至上"的种植户不同，他试图在其中找到"平衡点"。

"你们怎么看阳光玫瑰后期的行情？"我们又回到这段时间最敏感的价格话题。前几天我在《花果飘香》上发了一条简讯，从深圳阳光庄园采购经理刘文豹口中说出阳光玫瑰眼下"失落"的行情，加了一个醒目的标题《阳光玫瑰的价格"崩"了》，结果引起出乎我意料之内的行内震动。

"大家心慌啊！"桐乡市农技推广服务中心的马常念说："当时你信息发出来之后，就有人打电话给我，说价格掉得这么厉害，阳光玫瑰真的不行了吗？他们就慌了啊！我说我去市场看了之后反而觉得是机会来了，市场上都是垃圾货你们怕什么，你们只要种出有品质的葡萄，一点都不用怕。"

说完，他从手机中翻出在嘉兴市场上拍的照片，说了一句："这个葡萄还不如箱子值钱。"

"我其实最怕的是市场上差货太多了，把你们好货的价格拉下去了，劣币淘汰良币。"我其实并不在意市场上的差货跌到什么价格，而是刘文豹告诉我，他收吴小平的阳光玫瑰的价格只有30元／千克，这个价格跟我心目中吴小平葡萄的品牌价格是有相当落差的。

"市场就是这个规律。"已经做了十几年瓜生意的辛宏权感叹道："我们卖货，最怕的就是差货烂街。最主要的影响不是市场上货太多了，而是终端消费停了。比如我前期买的阳光玫瑰一直都挺好吃的，今天去买了一串特难吃的，连续两次，我就不买了，消费就停了。这是最致命的。"

"对，现在嘉兴市场就是这种情况，走不动。"马常念说。

"你们这段时间门店的出货量有没有影响？"我转身问雨露空间负责采购的沈晓东，他们有50余家门店，对终端消费，他们更有话语权。

"影响不大。"沈晓东爽快地说。

"那是你们货源质量稳定嘛。"辛宏权接着说，"像现在的行情会有一个周期的，价格低下来，品质好起来，它的出货量又会大起来的。"

马常念（右2）、辛宏权（右1）和大家一起在交流市场行情

沈晓东（左）在查看葡萄质量

"最近嘉兴市场顶级的价格就在30元／千克，但没有我们满意的货，所以我们这段时间卖的就是吴小平的货。像你们这样的货我们也满意的。"沈晓东在园子里就对沈金跃最后一批阳光玫瑰表现出极大的兴趣。

"实际上我们的产品也算不上好产品，我们只是糖度养得比人家高一点。真正好的产品应该从外观到品质都特别好的。"沈金跃谦虚地说。

他的这个性格经常被他老婆诟病，经销商来谈价格的时候，沈金跃很少说自己的产品怎么好，反倒是大谈问题所在。

"所以我跟老婆说，明年我们的目标是4万元／亩，亩产量1 000千克，价格40元／千克，产量下降，但价格不降。这样的产品才能好卖，才能长久。"

从今年10万元／亩的实效直降到明年4万元／亩的预期，这不是悲观，而是沈金跃在品质和效益之间找到的平衡点。如果无限放大，这个平衡点就是阳光玫瑰立足长远效益的发展道路。

2019年8月31日

第六章

省力，是我们的保障

我们的保障

农业 助力脱贫攻坚

江西绿萌科技控股有限公司的柑橘栽培新模式示范园，采用"适度密植、高干低冠、宽行密株"的栽培模式，改传统的梯面种植为顺坡种植，行距5米，株距1.2米，每亩种植110株。第二年亩产1 000斤，第三年计划亩产4 000斤以上，实现"大苗定植、次年结果、三年丰产"的高效栽培目标。

省力化八部曲

　　撇去表面的繁华，中国果业危机四伏。一方面由于种植面积盲目扩张导致市场"供过于求"，另一方面由于劳动力成本不断提高导致生产成本"节节攀升"。目前，国内规模果园的劳动力成本已经占到生产成本的60% 以上，减少劳动力投入已经成为规模果园能否实现盈利的基础，精致化、标准化、品牌化都必须建立在省力化的基础之上。

园区规划

优先选择交通便利的平地建园。尽管山地有着光照、排水及土地成本低等优点，但在劳动力成本面前都不值一提。试想一下，在山地果园中，你每年要把几千斤果品从山上扛下来，再把几千斤有机肥扛上去，就能明白"不值一提"的道理。

如果受地理环境制约，不得不在山地建园，那就优先选择缓坡。如果是陡坡梯田的，务必隔3~5条梯面留出一条可供机械和运输工具进出的操作道。

平地果园宽行密株，尽量让机械和运输工具能走到每一株树体旁边。

记住一句话：土地成本是可控的，而劳动力成本是不可控的。

大苗定植

选用带分枝的两年生大苗建园，可以大幅度压缩果园幼树期，快速收回成本。欧美发达国家普遍采用带分枝大苗建园，定植第二年就有1 000~2 000千克的产量。

我国的苗木质量较差，但苗圃中生长的果苗总有一部分壮苗，与普通苗相比，壮苗定植后起码能提前1~2年长大成树，结果投产。所以，在采购苗木时务必选择高规格的壮苗，千万不要贪图便宜去采购那些"柔弱"的小苗。

采用容器培育大苗在园林绿化苗木上应用较多，在果树上同样适用。先把一年生苗定植在装有营养土的容器袋中，集中培育1~2年后再移入大田建园。一方面配制的营养土和集中管理均有利于幼树的生长发育；另一方面可以减少大田管理成本，大田空置时期既可以用来种植单年生经济作物，也可以种草养地。

以草治草

位于重庆市大足区国梅镇加福社区园某尝试采用播施通过种植辅助公英"以草治草"，以解决人工除草成本、效率低的问题。资金投入刘蜂站（左方名）、蒲公英种植如黄瓜的方式植株盖面大，起压制其他杂草；蒲公英种花花的同时与果园主栽品种太雅的采摘期相叠，温地的黄花和绿色花序对提升果园的观赏性也大有裨益。项目小效果正生操意议。

生草栽培

中国农民无疑是最勤劳的，在对待果园杂草的问题上就可以看得出来，尽管果树高高在上，果农依然喜欢把草连根拔起，生怕它影响了果树的生长。碰巧，杂草又是极其顽强的，"野火烧不尽，春风吹又生"。于是，除草就成了果园管理中最大的劳动力支出，起码是之一。

目前，世界水果生产先进国家的果园都采用生草模式，唯有中国的果农仍在锄草。草是果园生态的一个重要环节，它为土壤微小生物提供安全舒适的栖居环境，我们可以利用草根系的生长以及土壤微小生物的活动，来减少土壤耕作的劳动力投入。

阳光富士

无袋栽培

果实套袋无疑对预防病虫害和提高果实外观品质有着显著的作用，但由此产生的劳动力成本也是巨大的。据介绍，2016年山东烟台苹果的平均收购价为3元/千克，而每套一个果袋就需要0.15元，包括果袋0.05元、套袋人工0.07元和摘袋人工0.03元，折合每千克成本为0.6~0.8元，光一项套袋的成本就占到产值的20%~30%。

即便在机械化水平很高的欧美国家，也没有会套袋的机械，所以在欧美根本没有套袋技术。而在套袋技术的原发地——日本，随着务农人口的不断减少，这项技术也基本被抛弃。现在，全世界也只有中国还在大规模地做这种需要耗费大量劳动力的"蠢事"。没办法，谁叫我们还停留在"看脸"的阶段。

柑橘容器大苗

海昌陆葡萄公园的限根栽培

限域栽培

限域限制是将植物的根域范围控制在一定的容积内，通过控制根系的生长来调节营养生长和生殖生长过程的一种栽培方式，对促进果树成花和提高果实品质方面都有积极的效果，在葡萄上应用最多。该项技术经过近10年的实践，演化成一种葡萄的轻简化栽培模式。

建园时先开1.5米宽、40厘米深的定植沟，沟底铺设波纹管（渗水管）以利排水；然后把添加有机肥后的营养土回填定植沟，做出高出地面20厘米左右的种植槽。在这种限域栽培模式下，一亩地的地面管理面积只有135平方米，可以大幅度减少土壤管理的时间和劳动力成本。

机械作业

波兰作为世界第三、欧洲第一的苹果生产大国，2016年其国内的苹果购买价格只有每千克0.95兹罗提（约合人民币1.62元），允许波兰苹果进口后，因其生产成本之低在国内引起不小的震动。他们靠什么？靠的是高度机械化。在生产效率方面，人永远抵不过机械。

说得更简单点，你买修枝剪的时候是买十几元一把的国产货，还是买上百元的进口货，不要说我崇洋媚外，你用过你就知道，什么能提高效率。

水肥一体化

一个水泵，一些管道，连肥带水输送到每一株果树的根系生长区域。水肥一体化技术是一项近乎革命性的变革，最大限度的实现了水肥管理的省力化，我们只要管住电源和开关就可以了。现在加上智慧农业的运用，连电源和开关都不用管了，全自动运作。

过去我们施肥，讲究施肥"三、六、九"，就是说果树施肥要分3月、6月、9月等几个关键时间施肥。而在欧美发达国家，果树生长季几乎每周都要供应1~2次肥水，全年供应肥水15~20次，而每次的供应量却极少，薄肥勤施，全年总的肥水供应量加起来反而比我们少，但它所支撑的果园平均产量却是我们的3~5倍。显而易见，我们浪费得多，不光是肥料的浪费，而且是劳动力的浪费。

省力化树形

我们传统的果树栽培都采用"大冠稀植"的种植模式，一亩地从十几棵到八十几棵，树体高大，树形复杂。像传统的疏散分层形，主枝、副主枝、侧枝、结果枝组……若是没有十几年的磨炼根本剪不好这种树形，修剪时先要围着果树转、爬到树下、钻入树里、上到树顶，十分费工费力。

而包括高纺锤形、细长圆柱形、V字形在内的省力化树形都把传统的"4级"树体结构简化成"2级"结构，即在主干上直接着生结果枝，结构简单，技术容易掌握，成形快，管理方便，省工省力。

陕西宝鸡华圣果业有限责任公司的千阳基地有一种模仿意大利 Mozzoni 公司开发的一种苹果专利树形 Bibaum® System (并棒形)，是在 M9-T337矮化自根砧上同一高度、水平相对的位置同时嫁接同一品种的两个芽，苗木定植会在自根砧上直接长成2个主枝，最终形成类似于 Y 字形的双主干树形。

葡萄"H"型整形

葡萄"H"型整形方式的栽培技术最早起源于日本，是一种简便易学、省工省时和标准化程度高的葡萄整形技术，并配合采用结果母枝留1~2芽的短梢修剪方式，为葡萄创造最简易的修剪方法。采用这种种植模式修剪速度快、省工省时，可节省90%的修剪时间，十分适宜规模葡萄园的标准化生产。图为上海金山牛博士葡萄园的"H"型整形。

建园"三板斧"

2018年12月初第一次到位于广西隆安县丁当镇的重庆奔象桢禧堂基地时，除了091无核沃柑给我留下"优势品种"的印象外，还有这个基地的整体规划也给我留下深刻的印象——宽行密株，起垄栽培，行间生草，一副现代柑橘园的标准模样。重庆奔象果业有限公司的销售总监高武告诉我，这个果园是按照中国农业科学院柑橘研究所彭良志研究员的规划设计建造的。

一个月后，当我再次来到广西南宁参加桢禧堂基地091无核沃柑的开园仪式时，就遇到了这家果园的总设计师彭良志（上图），顺便就聊起了柑橘园的建园方式。

"我这趟在广西转了不少园子，行距最宽的6米，最窄的1.5米，各种各样的套路都有，这个你怎么看？"我先问行距的问题。

"如果是小果园，劳动力跟得上，可以种220株／亩。今年种，第二年亩产2～3吨，先把成本收回来，种得矮，种得密，早结丰产抢市场。这是一种模式。"彭良志说："后期管理要跟上……"

"这种模式后期怎么办？我就担心这个。"没等他说完，我举了当天上午刚去过丁当镇另外一家 沃柑园的案例，800亩面积，行距3.5米，株距2.5米。

"没事，过两年砍一行就行了，就变成6米的行距了，刚好；反过来隔一株砍一株，变成5×3米也行。"彭良志说："这种模式是成功的，我们叫计划密植矮密早丰栽培模式。成功必须要有两个最基本的条件，第一个劳动力跟得上，第二个舍得砍树。大量实践证明，第一条相对好办，第二条做不到。"

"对！"反正我没见过几家计划密植做得好的果园，都是舍不得。

"所有人都舍不得砍。计划密植隔一棵砍一棵，唉，一看这么好的树反而要砍掉了，差的还要留下来，砍不下去了。"

"那像南宁这样的气候条件，3米的行距你觉得到第几年就需要砍啦？"

"如果你在每年采完果后重剪，不需要砍。"彭良志忽然换了一种说法。

"要多重？"

"每年把大枝条剪掉，保持树冠控制在适当的范围内，3米行距是可以维持的。"彭良志又是一个180度大转弯，说："但实际上是不可行的，因为修剪工作量太大，找不到那么多的劳动力。所以目前全世界流行的模式就是宽行密株，行距5~6米，株距1~3米。像沃柑行距5米、株距2米是比较合理的，树冠容易控制，行间可以通机器。"

"2米株距以后需不需要间伐？"

"这个以后不需要间伐了。不过还要看品种和砧木。枳壳砧的生长慢一点，株距可以在1.8~2米；香橙砧的长势旺，株距可以在2.2~2.5米，不等。"

上）行距1.5米，株距1米的两年生沃柑园
中）行距3.5米，株距2.5米的两年生沃柑园
下）行距6米，株距2米的三年生沃柑园

"生产优质柑橘肯定行距要宽，通风要好，光照要好，人进出要方便，这是起码要求。密植果园很难生产出高档柑橘。"彭良志说。

"起垄栽培主要基于什么考虑？"除了宽行密株，起垄栽培也是现代果园的标配，前几日在兴宾海升柑橘园也是相同的模式。

"起垄栽培是目前国内外现代果园普遍接纳的一种建园方式，特别在我们南方多雨天气，这个很重要的，不积水。"彭良志答道。

"另外，起垄栽培后，后期树体的撑果工作量会少很多，它中间高两边低，果挂下来不会拖到地面上来，就不用老去撑枝条。还有，机器打药时在下面行走，往上喷药，柑橘好多虫子都在叶的背面，效果会更好。"

彭良志建议的垄高是40~60厘米，垄面宽2~3米，在行间留出2米以上的机器通道。

"起垄之后基肥有机肥怎么施？"这是我的困惑。

"施到垄下面。第一年根系在垄上面，第二年或者第三年全园都布满根系了，施有机肥没有任何的问题，用施肥机直接开沟施到垄下面。"

"还有一种更简单的方法是撒施。"我尝试性地问了一个被绝大多数专家"感冒"的，但却是广大果农最常用的施肥方式。

"有机肥不能撒，磷肥不能撒，利用率很低的，只有尿素能撒。如果是起垄栽培，有机肥根本不用撒施的，开沟机的工作效率很高的。像我们重庆如果人工挖一条施肥沟，要5元／米，还没人给你挖；如果采用机械0.2元／米都要不了。"

"那垄上的土壤改良要在建园时就做好？"

柑橘树下的微喷

"对，那个在建园时已经改良好了。那么多磷肥和有机肥在下面，不用管它就行了。"

"滴灌和微喷哪个效果好？"我继续问道。除了基肥，绝大多数现代果园都采用滴灌或微喷的方式来进行追肥。

"滴灌和微喷我觉得在南方的用处都不大，我不太建议用这个玩意，柑橘大树是干不死的，前两年小树还有可能，三年以上是干不死的。"彭良志这个回答让我颇感意外，几乎所有专家都在提倡水肥一体化技术，他却成了一个例外。

"还有肥料的补充啊？"

"滴灌一亩地花一二千元钱，用处不是太大。只有氮肥下得去，很多肥料施不下去的……"

"现在很多水溶肥啊？"我怀疑彭良志说的肥效不好是指普通的复合肥。

"我们做了好多年的试验，滴灌只有氮肥是下去了，磷肥一般下不去的，根系吸收不到。"彭良志肯定地说。

"现在有种有机液肥。"我仍不死心。

"有机液肥也是一样的，大部分土壤的吸附能力很强。"彭良志的回答仍然不留半点回旋余地。

"如果不推荐滴灌，那怎么施肥？"

"施尿素是很快的，一个人一天可以对付100亩左右，就随便丢就好了。"

"复合肥也可以这样？"

行间生草 + 树盘覆除草布

"我们不建议使用复合肥，我负责的果园一般很少用复合肥。"彭良志这个回答又出乎我的意料之外。

"那用什么？"

"尿素、硫酸钾加过磷酸钙就可以了，自己配比复合肥便宜多了。"彭良志说："磷肥一般两三年施一次，要挖沟施；钾肥一年最好施二次，至少一次，要挖浅沟施，确实没劳动力撒施问题也不是那么大，土壤对钾肥的固定能力没磷肥那么大。"

除此之外，彭良志还提倡行间生草和树盘覆除草布的土壤管理模式

"小树一定要弄除草布的，不弄前两年草长得快，小树长不起来。"

彭良志按行距算了一下每亩地需要覆盖的面积："280平方米，2元一平方，560元用三年。如果你要去除草，三年下来哪怕前面加个1，1 560元都不够。三年后就不需要防草布了，树下没阳光就不长草了。"

"垄间必须要长草的，不长草不行的。"所以，宽行也为打药机，割草机等果园机械留出了通道。

"这些方面如果在建园时就设计好，后面那些问题都不是问题；如果在建园没设计好，后面所有的问题都会出来。"彭良志说。

2019年1月8日

凤凰佳园 PK 哈玛匠

"你们分别聊聊对方果园的优缺点吧！包括可学习借鉴的地方。"我跟颜大华（上图左）和黄伟（上图右）说。

我们昨天先去黄伟位于上海青浦的哈玛匠果园参观，今天又来到颜大华位于江苏张家港的凤凰佳园考察，两人都种桃，而且都能种出顶级的品质，但采用的模式大不同：黄伟是全套引进日本的品种、技术和种植理念，走的是精致化的生产模式；而颜大华采用的是国产品种，技术上在学习国内先进种植模式的基础上进行提高创新，走的是省力化的生产模式。

"让我印象最深的是他的有机肥的投入量。"黄伟率先发言："他一年一亩地施3吨的牛羊粪，再加250千克的黄豆，我去年整个桃园（30亩）只用了33吨的羊粪，从数据上就能体现出来，在有机肥的用量上，我肯定是没有他大；第二个方面是他通过大棚把环境做成可控了。像我第一批成熟的花姬糖度不稳定，这一方面是品种自身的缘故，另一方面我觉得是有机肥和天气的原因，没有把这个品种的品质做到极致。我觉得他做得好的地方是这两点。"

我们昨天在哈玛匠果园现场测了不少桃子的糖度，高的15%以上，低的9%~10%，不过大部分都在14%~15%，口感很甜。但晚上一场大雨过后，第二天一早再去品尝，口感就明显淡了许多。

"即便在日本，这个时候成熟的桃子的糖度也不可能都能达到农协规定的12%的最低标准。"黄伟强调说。

"你现在有最低糖度标准吗？"我问颜大华。

"我现在也没办法像日本一样做到非常标准。我昨天尝了黄伟的桃子，是相当甜的，但可能是品种特性的缘故，是纯甜，没有桃子的香气。我认为桃子一定要有桃香味的，不一定非要达到12%的糖度，有的桃子的糖度在10%左右，只要有桃香气，口感还是不错的。当然，作为精品销售的话，基本要达到14%~15%以上，这样的话才能对得起这么高的价格。"颜大华说。

"我的糖度标准是早桃12%，每一个果实都要用测糖仪检测的。我的测糖仪也就是这个时候用得最多，到中晚熟桃成熟的时候，随便哪一个果实测出来都有14%~15%，那就不需要测了。从早桃的表现来看，他的成品率要比我高一点。他有这个优势，就是把不可控的环境变成了可控的环境。"黄伟又强调了一遍"可控环境"。

"在树形方面他也是做得比较好的。日本经过几十年的实践认为主干形的品质不行，所以最终选择两大主枝的开心形，让它充分受光，我觉得颜大华在树形方面改进得很好，本来是直立的主干形的，现在主干（枝）斜了之后，下面的果子也变得好吃了。"

"他这几年在树形上的变化是最大的，原来主干形的枝条是垂下来的，把果实包在里面的，

上）凤凰佳园的Y形
下）哈玛匠果园的两主枝开心形

从外面是看不到果实的……"我介绍说。

"关键是光照。"黄伟接着说："而且他的剪枝也非常到位，我看到新梢的停长率最起码达到60%~70%。这些生产优质果的要素他都占了，所以他能把一个品种的品质做到极致。"

"你觉得哪些措施是值得你借鉴的？"我继续问黄伟。

"有啊，比如有机肥我要多施，我原来建园时没有改土，每年冬天一棵树打8个洞，一个洞60厘米深，施有机肥，连施了8年，我是靠这个在改土，现在看来量是不够的。"

"如果撇开有机肥和大棚的因素，我觉得他的树形长出来的桃子，按正常来讲，口感绝对会比我这边的桃子好……"颜大华接着评价对方的果园。

"你觉得他这种两主枝开心形种在大棚里合适吗？"我在日本倒也看过在大棚里种这种树形的。

"我其实尝试性地种了两棵树，想一边（主枝）伸出去8米，做成16米的，但是没用心去做，没做出来。我做得太直立了，往下拉的话我就怕果子量一大的时候，容易下塌，像黄伟那样用吊杆或撑杆会增加工作量，我是想怎么能省力一点。"

"那如果在露地条件下，你会做成黄伟那种树形吗？"我继续问道。

"不会。"颜大华回答得很爽快："假如我只种三五十亩，我可能会这样做，但是大果园这样做的话太累了，你看他这种树形每一根侧枝都是拿竹竿绑的，像我现在有两万棵树，每一棵树上绑十几根竹竿，这样的工作量太大，肯定是做不了。我这边100亩的园子真正动剪刀只有一两个人，如果再增加两个人，我这个园子会管得比现在更细致。"

"还有，如果按照黄伟的模式，机械化还是有难度的，像我这里无论割草机、打药机，还是操作平台，在大棚里面都是畅通无阻的。我用风送式打药机，100亩地1天就完成了，黄伟那边肯定还是有难度的。"

"我这边因为条件的问题，30亩地打一遍药需要4个人打2天；还有2个人工差不多一年到头都必须花在割草上，没有机械化设备的确有问题。"黄伟说。

"你觉得黄伟的园子有什么可以借鉴的？"我问颜大华。

"假如我再做一片新园子，我可以少部分做成黄伟那种树形，我相信这种树形种出来品质会更好，而且一棵树上的果子口感基本能达到一致，像我这种树形还是上面口感好，下面稍微差一点，像黄伟那种树形应该基本差不多。"

"我觉得你现在的树形如果主干（枝）再斜一点，下面的果实品质会更好。"黄伟建议道。

"我的想法是中间留0.5~1米的空隙让阳光晒到土壤上，这样不光 Y 形的正面能见到阳光，另外一面也可以见到阳光，虽然晒的时间短，但两面都能晒到。"颜大华解释说："还有，因为大棚种植跟露天不一样，大棚有薄膜的阻挡，顶上再不让它通风的话，我担心一方面容易产生病害，另一方面会影响它的风味，所以像我这样把主干竖起来，可以让所有的果子都能见到阳光，还都能有通风的环境。"

"这里可能会涉及一个种植密度的问题，如果角度再开张的话，需要更宽的行距，在现有的大棚框架下很难再做改造。我倒觉得他铺反光膜这一点值得你借鉴。"我跟颜大华说："黄伟的桃子在外观上要比你这个好看，你是让它随便晒的嘛，晒得灰灰的感觉，没有鲜艳度，而他通过套双层袋，再加反光膜，出来的外观确实要比你这个好。"

"他的果实确实漂亮，这一块是做得比我们细致得多了。"颜大华附和道。

"但这个可能对劳动力……"我随即又想到了漂亮背后的代价。

"所以我不会采用套袋的，反正我现在锁定的客户就要好吃。包括现在我们宣传的就是好看的桃子不一定好吃，就拿油桃来说，果面麻点越多越好吃，那种光滑的、很靓的反而不如有斑点的好吃。再加上套袋的劳动成本，几毛钱一个袋子，再加上人工……"

"就是套袋不现实。"

"而且套袋后的口感说不定不如不套袋的。"颜大华又强调了一下内在品质的重要性。

"套不套袋糖度确实有差别的。"我肯定道，又问："那反光膜呢？"

"反光膜倒是好，增加光照嘛。"颜大华说。

左) 哈玛匠果园的桃子外观
右) 凤凰佳园不套袋的春美

"你会学哪种模式？"我问一边旁听的王桂涛，一位很有活力、肯专研、肯学习的年轻人。

"从学习的角度，我觉得凤凰佳园的方法更容易入手，我虽然没去哈玛匠的果园，但看过你的介绍，那个太复杂了，工序太多，而且现在懂技术的工人很难找，只有傻瓜式的树形才容易推广……"

2019年6月14日

2016年，颜大华在俞忠（张家港市作物栽培技术指导站副站长）的建议下，在一个占地8亩、桃树根瘤病发生严重的连栋大棚两侧种了两行葡萄；2017年因为遇到极端高温天气没有收成；2018年，16米长的主蔓留120～140穗阳光玫瑰，单穗重0.6千克，卖100元/千克，平均株产值8 000元左右，折合亩产值13万元。2019年，颜大华在连云港拿下300多亩土地，建了200多亩的连栋大棚种葡萄，主栽品种阳光玫瑰。图为俞忠（右）、王桂涛（左）和颜大华一起在查看阳光玫瑰的生长情况。

草，草，草

目前，世界水果生产先进国家的果园都采用生草模式，唯有中国的果农仍在锄草。我们有必要从根本上消除彻底根除果园杂草的传统观念，在控制果园草害的同时，尽最大努力保护杂草，保持果园的生物多样性和生态平衡，同时也为果园省力化栽培提供一项重要措施。

草种的选择

2018年冬天我到无锡惠山区建勤家庭农场时，孙建勤（上图）就一直跟我介绍果园种植紫云英的好处，能固氮，能观赏。那时紫云英长得还矮，绿油油的，和冬日里的其他杂草混在一起，并不起眼。只是根据他的描述，我的脑海里浮现出一幅漂亮的画卷，树上桃花灼灼，树下云英满地，于是就约了2019年的花季。

没赶上桃花怒放的时间，倒赶上紫云英盛开的时节。

不过，桃园里的紫云英长得并不纯净，也间杂着许多杂草，如繁缕、阿拉伯婆婆纳、猪殃殃、苔子、蛇莓、泥胡菜、青蒿等，也有人工播种的黄花苜蓿、黑麦草、

紫云英盛开的桃园

鼠茅草、豌豆、蚕豆等，各自占领着一些地盘。

这符合我对果园生草的理想布局，自然草种与人工草种混种，形成多样化的果园生草群落。

"你怎么想起来种紫云英的？"我问孙建勤。在他的桃园生草群落中，最漂亮的，地盘占据最多的还是紫云英。

"这些桃园以前都是水稻田，我小时候就看到稻田在冬季都是种植紫云英的，也知道紫云英有根瘤菌，有固氮作用，所以就开始在桃园里尝试种紫云英。种了之后发现它的好处太多了，它不仅是固氮植物，而且还是个观赏植物。"孙建勤说着说着自己就笑了，像是发现宝藏般的高兴。

"我是桃树种下去后第二年播种的，100多亩地才买了5千克种子，这么多年没有再买过。紫云英在9月下旬萌芽，到5月底枯萎，6月份只要不去动它，田里是长不出其他草的，7—8月虽然容易长高草，但由于是采摘季，田间的走动量比较大，也基本上长不了草。像2018年我一共才割了一次草，是在8月底9月初桃子采收结束之后，然后施基肥翻耕一次，之后紫云英就长起来了。"

"你现在的园子里不是还有其他草种么，你觉得哪些草种是比较理想的？"我继

续问道。

"苕子、繁缕、阿拉伯婆婆纳、蛇莓这些都可以，我的观点是只要高度不超过50厘米的都是好草，像泥胡菜、青蒿这些高草现在要拔掉，这个也用不了多少工的。"说完，孙建勤弯腰把身旁的几株高草拔出来扔在树盘上。

"树盘的草都是扒开的，这个有什么讲究吗？"我随着他的动作发现这个规律。

"一是树盘上的草长多了，主干不透气；二是万一主干上有蛀虫，我们看不到；三是方便安装树裙，防止蛞蝓、蜗牛上树危害。"孙建勤的思路非常清晰。

"如果优中选优，你觉得哪种草最理想？"我的重点还是在草种的选择。

"紫云英有固氮作用，生长量大，枯萎之后就如同一层厚厚的被子盖在土表，其他草长不出来；苕子也能固氮，生长量比紫云英还大，但苕子会爬到树上；黑麦草的生长量最大，但它必须要割，一个生长季要割4~5次；鼠茅草我也播了一点，似乎长不起来。还有一个豌豆，这是我前两年刚发现的一种比较理想的生草植物。原先我们是在行间作为蔬菜间作的，后来发现豌豆的生长量也挺大的，一长70~80厘米，长高以后往地上一趴，厚厚的一层，下面什么草都长不起来，不过它要种在离树干远一点的地方……"

以冬草压夏草

我是第二次来到这家位于钱塘江畔的琳珑果园，是来看草的。

第一次是两年前，刚好是梨花花季，初结果树，花开得不多。比花更吸引我的是地面上绿油油的草，这在当地并不多见，海宁绝大多数果园在这个季节地面都挺干净的。虽然生草栽培已经喊了很多年，但农民对果园中的草依然是"水火不容"，难得有这么一家能"和平相处"的。

"按照常规的管理方法，对付果园里的草一年起码需要喷4次除草剂：春节后春草刚开始萌发的时候一次，黄梅天前一次，采摘前一次，修剪前一次。"园主赵胡华介绍说。

2013年年底建园，160亩，主栽品种为翠冠，平棚架。这位原本从事染色行业的门外汉在第二年开始留草，保留冬季一年生草（简称冬草），慢慢地，冬天的草越来越旺，夏天的草就越来越少。

"这是最大的变化！"他说，现在果园中的草是春天最茂盛，夏天枯黄了一点，秋天最少，到冬天再慢慢长出来了，这是冬草，"我们用冬草来压制夏草。"

两年前我来的时候也是初春，梨园的优势草种是看麦娘；两年后，鹅肠草成为新的优势草种，开满小蓝花的阿拉伯婆婆纳也占了不少面积……

赵胡华在闲散时的工作就是背着锄头在果园中寻找在夏季会长成1米多高的"阶级敌人"——泥胡菜、花叶滇苦菜、酸模等，连根锄起，抖光泥土，再倒立"示众"，以防"卷土重来"。

这两年，唯一让赵胡华看走眼的是牛筋草。他原以为这种草长得不高，可以保留，不料其繁衍速度极快，不仅大肆扩张地盘，而且其纤维极韧，不易腐烂，工人在果园作业时易绊脚，所以他在去年开始也把牛筋草列为"专政对象"，进行定点处理（喷除草剂），使鹅肠草或阿拉伯婆婆纳这些理想草种能占据这些地盘。

上）自然草种——看麦娘
中）自然草种——鹅肠草
下）自然草种——阿拉伯婆婆纳

作者和赵胡华（右）在梨园

赵胡华是采用滴灌的方法为梨树补充养分，一年补充9～10次水溶肥，为了防止锄草时误伤滴灌带，他特意在滴灌带上铺上一条狭长形的地布。除此之外，他在每年春节后会全园撒施2次尿素，以促进冬草的发育。当冬草长得足够茂盛，在夏季倒伏后，那些"横行霸道"的夏草就很难"窜"出来，这样果园就可以免除繁重的除草或割草工序，起到省工省力的作用。

不仅如此，土壤中的蚯蚓也明显增加。他说："以前地上没草的时候，树上喷药，药水会直接飘落到地上，有些农药会造成蚯蚓大量死亡。现在有草隔离，地下的蚯蚓就不会死亡，繁衍得很快。"

我踏着青草在果园中走了几步，鞋面和裤脚上都沾满了蜘蛛网，便问赵胡华："这对虫害的防治有没有作用？"

"这个倒看不出来。包括对树势、对果实品质的影响，都需要一个长期积累的过程。"他翻开脚下的草丛跟我说："我们在冬天把这里的土耙开一下，撒些有机肥，把修剪下来的枝条铺在上面，因为草丛中湿度大，一年后这些枝条就基本上腐烂了。这也省去许多枝条搬运处理的人工。"

以草养蚓

十几年前，我经手过一个梨园。梨园建在围垦的海涂地上，还晒过盐，土壤黏重，碱性重，含盐量高，梨苗定植后根本长不起来，整个上半年都冒不出长梢。果农着急了，我让他停掉锄草的好习惯，让果园"杂草丛生"，同时让他停止撒施化肥，只结合病虫害防治以叶面追肥的形式来补充营养。

下半年梨苗的生长明显改善了。

到了秋天，用草甘膦除草，在株间挖浅坑放入一袋猪粪，略覆土。行间间作蚕豆，10月播种，第二年5月收获两遍鲜荚后割倒植株进行树盘覆盖。

如此三五年之后，土壤变得非常松软，走在果园中如踏在高档酒店的地毯上。梨树生长也非常健壮（后期需要补充化肥），除早春萌芽时会零星发生因草甘膦误喷引起的小叶症外，鲜有在海涂盐碱地上多发的缺素症发生。

抛去盐碱地的因素，我的思路其实很简单：以草养蚓、以蚓养地、以地养树，形成"草→蚯蚓→土壤→果树"的良好生态系统。

其中，蚯蚓是耕作者。不挖沟深施有机肥，也不深翻，基本上是采用免耕的方法，土壤由板结变松软完全依赖蚯蚓（也包括其他土壤微小生物）的辛勤劳动。

施猪粪的主要目的是为蚯蚓提供有机食物。

而草的作用就是为蚯蚓营造一个良好的栖居环境。

设想一下，蚯蚓如果生活在一个清耕的土壤环境中，夏天晒死，雨天淋死。而土壤表面的草在夏天就似一把遮阳伞，在雨天就似一把雨伞，让弱小的蚯蚓在复杂多变的气候环境中得到良好的保护。

当蚯蚓在一个良好的栖居环境下会做什么呢？

"温饱思淫欲"，肯定是要繁衍生息。这个"雌雄同体却要异体交配"的奇葩生物无论做什么事情都会"捣鼓"土壤，当这个群体足够大时，整个果园的土壤会被它们改良一遍又一遍，土壤也就从板结变得松软。

尽管理论上讲果园生草的好处很多，比如提高土壤有机质含量、保持土壤墒情、改善果

上）梨园春季土壤管理——间作蚕豆
中）梨园夏季土壤管理——生草
下）梨园秋季土壤管理——除草

201

土壤中的蚯蚓

园小气候、减轻虫害发生、提高果品质量……但大多数的效果都是缓慢甚至牵强的，唯独"以草养蚓、以蚓养地、以地养树"的效果是最显而易见的。

我们不需要人工种草。种草不仅费钱费力，而且选择草种也是难题。选择的草种生命力太强容易"喧宾夺主"，生命力太弱又是"扶不起的阿斗"，自然生长的草种就是最好的草种，除了个别需要你打压的极具"上进心"的高秆草种。

我们需要让草中断发育。在适当的时候应用除草剂让草中断发育，让多年生草种的老根腐烂，不至于在土壤中盘根错节，影响农事操作。

我不反对使用草甘膦等除草剂，在合理浓度下，一年用1~2次并不会对生态和环境产生负面影响，毕竟喷除草剂比割草来得省力，而且草死亡后覆盖土表的枯草依然能起到"呵护"蚯蚓的作用，同时也为蚯蚓提供充足的有机食物。

由于历史的原因，我们很多人都存在"非黑即白"的思维模式，谈到化学农业带来的对生态环境的负面作用，我们就全面否定化学农业，推崇有机农业，绝对不用化肥、农药和除草剂，这种绝对化的思维方式无益于农业的健康发展。

果园中的草也一样，不是说生草栽培好就任其生长。在"草→蚯蚓→土壤→果树"的生态系统中，草只是最基础的物质环境，不是我们的目的。当这个生态系统已经构建完成后，"抑制"和"更新"是果园杂草管理的主旋律，不能让其"喧宾夺主"，也不能让其"结党营私"。

在这个劳动力价格高昂的时代，"以草养蚓、以蚓养地、以地养树"也是一种最省力的土壤管理模式。

2019年4月13日

过沟

"当初是怎么想起来投资农业的？"

我面前这位是浙江新理想农业开发有限公司董事长胡晓海（上图），也算校友，学的是材料工程专业，正宗的浙江大学高材生，不像我这种就读农业大学后，因为四校合并才"混"进浙江大学的校友行列。

毕业后"混"得也比我好，先从事贸易，后来自己办了工厂，做汽车零部件的出口业务，挣的是美元，一年有半年时间都在美国。5年前忽然"心血来潮"在自己的家乡——浙江嘉兴承包了700亩地，当起了农场主。

"现在回想当初自己的想法还是比较幼稚的。"胡晓海笑着说："在美国待的时间长了以后，就觉得美国农业的专业化和机械化水平都远远超过国内，如果在国内也能做到像美国这样的集约化、机械化和标准化，应该是能挣钱的。"

因为有工业作为支撑，胡晓海给自己设定的农业投资预期也比较低：5年内投入2 000万元，争取15年能收回成本。

今年刚好是第五年，也差不多投入了2 000万元，种了400亩的翠冠梨、120亩

胡晓海在查看红美人的成熟情况（摄影 吴皓）

的甜瓜，100亩的红美人和60余亩的雪菜。今年收入300万元，支出250万元，第一年盈利。

前面几年在果园中间种雪菜，并加工出售，每年也能挣个100来万元，在中等规模的果园中日子过得并不拮据，各种项目的推进有条不紊，一步一个脚印。

"这5年做下来，感觉与原先的设想有什么差距？"我还是好奇这位读工的学弟从农后的感觉。

"虽然与周边的小农户相比，我们的机械化程度要高一些，但实现不了原来想象中的全程机械化操作。"胡晓海依然笑着说："做了5年，现在脑子才刚刚清晰一点。"

他还给自己的产品注册了一个名叫"菜鸟"的商标。"一开始的时候，人家还觉得我怎么起这么一个傻乎乎的名字，当时一方面觉得这个名字比较好记，也带点自嘲的意思，后来马云给自己的大物流项目也起了'菜鸟'这个名字，想想还蛮搞笑的。"

胡晓海又笑了。虽然他自己也是一位成功的企业主，但能跟马云这样的天才人物想到一起也是一件挺高兴的事情。

为了实现自己的机械化思路，胡晓海陆续购进了挖机、推土机、旋耕机、割草机、打药机和分选机等各种机械设备。今年还"大兴土木"，把梨园隔行的浅沟都挖成作业道，以方便机械通行。

"只要能用机械的就尽量用机械，包括工人的工资，能用机械化设备的工人，每天的工资都加50元。"前几年新理想每年的人工费支出都达到150万元，占年度支出的60%以上。

"你觉得这家果园在适合机械化作业方面还有什么需要改进的地方？"我问冯绍林（绍兴哈玛匠机械有限公司总经理）。他带了数台机械在浙江新理想农业有限公司的果园里做了一番实地演示，包括大棚里的橘园和露地棚架式的梨园。

"首先是进出不是特别理想，机械能进，但是要倒一把，如果把进出节点再稍微调整一下，效率会更高。我们用机械的目的就是为了提高效率，不能在这转弯调头上浪费时间。然后是柑橘园里的沟要稍微修复一下……"

新理想的柑橘是种在大棚里的，单栋的蔬菜大棚，宽8米，种2行，株距3米，起墩种植，中间和两侧都有浅沟。冯绍林带去的长度为2.9米的日本丸山SSA-E501DX打药机能进棚，能作业，但走得崎岖，过墩跨沟，亏得动力强劲，操作熟练，几次滑入沟中都能脱困而出。

"这个改造倒没有问题，如果真的全部机械配齐后，这些辅助设施肯定会做好的。"胡晓海在一旁应道。去年他买了一台履带式的运输车，为了适应运输车的行进，就把梨园中大动了一番干戈。

嘉兴属于杭嘉湖平原的水网地带，雨水多，地下水位高，开深沟降低地下水位是种好果树的前提保证。胡晓海原先是按照当地传统的方法来建园，行距5～6米，每行开一条齐膝高的深沟。几年下来，他就发现这种沟渠纵横的果园根本无法进行机械作业，无奈之下，他又平复一部分深沟，把原来一行一条的沟渠变成现在的隔行一条，

果园改造前

果园改造后

填掉的那条深沟变成机械通道。

"你觉得这样的改造能够提高多少工作效率？"我问胡晓海。

"提高很多的，原来施有机肥需要工人一包包扛进去，很麻烦的，现在用履带运输车，只要一个人在前面开，另外一个人在上面翻下去就行了。"

"等于说现在这条路开出来，对运输车是管用的，包括以后采摘的果实也能这样运出来。"我触类旁通，大致明白了现有改造的作用，便又问："这样的改造花了多少钱？"

"这个钱我没仔细去算过，我买了一台小挖机，作业的工人是月薪制的，也做其他工作，他有空就去挖一点，我没特意去算用了多少人工。"胡晓海说。

"挖机买来多少钱？"我继续问道。

"将近6万元。"胡晓海说："但是现在我是强烈不推荐买这台机械，质量太差了，三天两头修。亏得我们作业的师傅水平还不错，基本自己能修，叫厂家发零件过来就可以了，不然麻烦大了。如果我重新再买的话，肯定花十几万买台好点的。"

"十几万还不够，像这台机械日本久保田的要22万元左右，是最好的小挖机。"冯绍林对国内外果园机械的行情都很熟悉："我不知道说这个话合不合适，很多用户觉得掏20多万有点贵，买个便宜的先试用。你今天已经用过了得出结论是不好用。前几天有个果园老板咨询我这个挖机的事情，我建议他买个质量好点的，他说我买个两三万的就行。我说真的不行，老坏……"

"久保田的我也去问过，的确要20多万元。我买东西还是有质量意识的，不是说奔着便宜买的。国产再好点的挖机也有，我是找到这个最小的型号，这种型号就他们这一家和久保田有，但是价格差了好几倍嘛。我肯定要考虑性价比。"胡晓海解释说。

"要算一下经济账。"我附和道。毕竟这是一个"苦逼"的行业。

改造后的那条通道走机械确实快捷多了，无论打药机还是割草机，都能行走自如。但另一条还留有深沟的行间就麻烦了，也能过，5米行距减去1米深沟，两侧还各有2米的通道，再除去一些斜生主枝的障碍，宽度为1.2米的打药机勉强能过，但行进速度明显慢了许多。倒是那台长度1.95米、宽度1米的罗宾4W22割草机更加灵活，无论行间株间都能穿行自如。冯绍林驾着它沿深沟边缘走了一阵，连沟边堆起的泥块都被割平。

"割草没问题，但打药机走深沟那里要非常小心，速度就没有那么流畅，打药的时间起码要加一倍。"冯绍林分别走了几趟作业道和深沟两侧的行间总结道。

打药机在田间作业

"当初改造的时候没有考虑过打药机和割草机的通行吗？"我问胡晓海。我原先是期望打药机的喷雾范围能管两行，这样就能避开有深沟的那行，但从现场的作业效果来看，我还是担心枝叶茂盛后树冠另一侧的覆盖率。

"原来没有考虑这一块。"胡晓海说："打药机看是看过，但没有特意为这个准备。"

"要是当初深沟开在一侧就好办了。"我遗憾地说。

我最早在上海市农业科学院庄行试验站看到过偏沟的设计，把中间的排水沟统一移至一侧，在不影响排水沟配置的前提下，让行间变成可供机械通过的通道。若是新理想的梨园行间深沟能侧移1米，其中一侧就变成3米宽的空间，那么走1.2米宽的打药机就非常通畅了。

尽管效率没有达到最大化，但胡晓海对打药机的作业效率还是非常心动的。"我们每年梨树打药8遍，每次打药需要10个人，3个人一组，另外一个人配药，打一遍需要50个工。我们算了下，如果按200亩计算，一年可以省下3万元的人工费。"

"你不是有400亩梨园吗？为什么要按200亩计算。"我疑问道。冯绍林这台日本产的打药机报价20多万元，如果按年节省3万元人工费计算，得需要7年才能收回成本，这对很多果园主来说都是很难接受的。

"因为还有200亩是新建梨园，行距4米，又没上棚架，拉枝以后地面有很多桩，这个车子进不去。"

"哦！那关键还是面积不够。"我呢喃道。若是按400亩计算，3年半收回机械成本那就有比较理想的性价比了。

"面积还不够经济。还有大棚里的橘树打药

上海市农业科学院庄行试验站的桃园偏沟设计

机喷过之后，我们觉得还是需要人工再进去补喷一下另外一侧。"胡晓海刚才仔细地观察了打药机在大棚里的打药效果，由于单栋大棚的结构限制，打药机只能沿大棚中间顺行作业，没有回旋空间。

"这不是打药机的问题，空间限制嘛。但是补得也快，那两侧基本上也打到了，只剩10%~15%的样子。话又说回来，人工打药，他也有没打到的地方。"冯绍林解释说。

"这是肯定的。"胡晓海加重了语气："前段时间我自己去盯过这个事情，我知道的，工人打过一遍后还是有很多遗漏的，说明工人干活不认真。"

"不是工人不认真，所有的工人都这样，有不确定性，漏掉了。我们用机械不是说为了一年省两三万，而是为了减少这种不确定性。"

"对！对！对！"胡晓海对冯绍林这番解释非常认同，"还是为了打得比较均匀。"

"还有，打药机是比较省药的，它的雾化程度高，不像普通喷雾机喷过之后滴嘀嗒嗒往下滴。"我补充道。前段时间我在广西跟几个大农场的老板接触得比较多，所以也了解了不少机械的好处。

不过，对我来说，这趟果园之行留给我最大的感悟还是偏沟设计的实用性。相比高投入的暗排和受地形和水位限制的起垄栽培，偏沟的设计更简单，几乎没有增加任何建园成本。

这是一种解决南方平原地区果园机械通行最经济实用的好办法。

2019年3月12日

第七章

营销，是我们的手段

阳光玫瑰

阳光玫瑰是日本国立果树茶叶研究所于1988年用安芸津21号 ×
白南杂交选育的欧美杂交葡萄新品种，2006年完成品种登录，具
有丰产、稳产、果皮薄、果肉脆、糖度高、带玫瑰香气、挂树时
间长、不裂果、不脱粒、耐贮运、货架期长等优点，是葡萄史上
一个划时代的优良品种。需要无核化处理。缺点是容易产生果锈。

阳光玫瑰火了

"爸爸，你快回来！"女儿在视频中跟刘文豹（上图）撒娇。

自2018年4月6日从深圳出发，刘文豹已经有5个多月没有回家了，从云南、四川到湖南、湖北，这次来安徽是受邀参加由合肥元贞葡萄帮举办的一场阳光玫瑰的会议。

"阳光玫瑰这个单品是不是你们先弄起来的？"我这趟来合肥就是奔着刘文豹来的。

这两年阳光玫瑰很火，阳光庄园也很火，作为阳光庄园采购经理的刘文豹也是在这个圈子里很有名气，我在这趟阳光玫瑰专题行中已经数次听到他的"大名"。

"对，这个我也很自豪的。"刘文豹给我的第一印象是非常直爽，有什么说什么。

"2016年8月，我们老大（阳光庄园董事长郑三海）给了我一个电话，说四川有一点阳光玫瑰，你去看一下能不能做。"刘文豹跑去实地一看，觉得可以尝试，于是就模仿日本销往香港的阳光玫瑰包装方式定制了第一批包装箱进行产地采购，收购价是26元/千克。

"当时无论工人还是园主都嫌这种包装麻烦，因为别人收购都是泡沫套一套就运走了。"

"但当这批货运到广州市场时，所有人都觉得这就是高端产品。从那开始，就一发不可收拾。"随后，刘文豹就开着车到处找货源："只要有，哪怕只有3亩，几百千米我都跑过去，多远我都去。"

就这样，2016年，阳光庄园给阳光玫瑰开了一个好头。

"真正'火'是2017年。因为市场没有这样的货，就我们有，大家就抢货，一车货一条柜最多半小时就被抢完了。"刘文豹回想起2017年那个情景依然激动万分："我们最初的定价是280元一件（9斤装），大家为了能拿到货，就自动提价，380元，480元，550元，最后涨到580元一件。"

"价格是他们抬起来的。"刘文豹的生动描述让我想起拍卖会上的场景。

"对，大家都在炒。"2017年，阳光玫瑰火了，阳光庄园也火了。

"葡萄的品种很多，为什么光是这个阳光玫瑰被炒起来？"我问刘文豹。

"你没发现一个问题吗？就是葡萄类的产品没有人去炒作它。我们在2017年就这个单品宣传也花了不少钱，包括在广州吉之岛天河店搞了一场发布会，在杭州新农堂举办的A20上做了一次展销推广，还有一些商超的试吃活动……"

"那你们是看中它什么优点才舍得投钱去做推广？"

"主要还是阳光玫瑰的香气，这是它最突出的一个特色。"

"那品种本身的香气和你们公司的包装和营销手段，你觉得哪个起关键作用？"

"包装和营销手段。"刘文豹说得非常肯定："其实比阳光玫瑰好吃的葡萄也还有。"

"换个角度来说，会不会过几年你们会用类似的方式推出另一个单品？"

"肯定会，我现在就看中了一个。"刘文豹边说边翻出手机中的照片："也是日本品种，浪漫红颜，红色的，非常好看；也好吃，甜，但不香。"

"口感没有阳光玫瑰好？"

"对。但如果一箱5斤装的3串葡萄，两边是绿色的阳光玫瑰，中间是一串红色的浪漫红颜，会不会更好看？中国人最喜欢什么？红色嘛！"

"作为搭配品种。"我明白刘文豹对浪漫红颜的定位了。

"今年阳光玫瑰的收购价怎么样？"我把话题拉回到阳光玫瑰上。

"今年的价格比去年增长了25%。"刘文豹讲述了一个2018年售价最高的葡萄园

案例："云南建水许家忠有8亩阳光玫瑰，最早我去谈，抛的价格是70元/千克；后来张三去问，说阳光庄园给70元/千克，那我给你75元/千克；李四又去了，说张三给了75元/千克，那我给你80元/千克……最后居然炒到120元/千克。"

面对今年蜂拥而至的客商，刘文豹也显得有点无奈："2017年阳光玫瑰的收购商大概只有六七家，真正能收下来的只有二三家，但今年的收购商有70多家，大家都想捞一把，结果导致价格暴涨，云南的价格比2017年涨了将近40%，2017年最高价50元/千克，今年普遍80元/千克。"

"本来今年公司计划收购600万千克，但现在看，能完成65%就不错了。"这也是他没时间回家的原因。

"从2016年起，中国水果行业已经在转型了。以前我们这些批发市场的果商只

上）嘉兴市葡萄协会会长朱屹峰介绍，他于2018年以1 500元/株的价格买入20多株浪漫红颜的小苗，以根域限制的栽培模式种在大棚中，2019年第一年挂果，转色初期环剥一次，着色表现非常优秀。现场随机测了2串果实，糖度都在20%以上，甜而不腻；大粒，容易剥皮，口感硬脆，没有涩味。缺点是没有香气，有空心现象。

下）阳光庄园采购员在云南建水收购阳光玫瑰

日本阳光玫瑰的价格依产品质量和市场的不同而相差悬殊，我在东京商超和市场上看到的最高价格是10 000日元/串（折合人民币670元），远超同期上市的藤稔（最高价格为2 500日元/串）；最低价格为1 000日元，与藤稔相仿。比阳光玫瑰价格更高的是浪漫红宝石，单串价格为20 000日元。

针对批发商和水果专卖店，不针对消费者，像以前一箱苹果几十斤，你看现在，2.5千克、4千克、5千克的包装都有，这样更接近于消费者一家三口的消费能力。"刘文豹介绍目前阳光庄园的阳光玫瑰采用3个规格的包装箱，分别是4千克装6串、2.5千克装3串和单穗礼盒装。

"那你们收货的标准是什么样的？"

"标准也不是我们定的，而是消费者定的，我们在吉之岛、百佳、天虹等大型商超调查，一个促销员每天的任务是10个名额，调查消费者需要什么样的产品。最后得出一级果的标准是：穗重0.75~0.9千克，长度20~25厘米，50~70粒，单粒重在13~15克。另外，我们把全园最好的作为特级果，采用单穗礼盒装，供给Ole'等高端商场。"

"你觉得日本的阳光玫瑰在香港的售价对国内的价格有没有标杆作用？"

"起了很大的作用。"刘文豹告诉我，2017年还出现国内的阳光玫瑰偷运到香港冒充日本的"香印青提"和"大地之水"进行销售，造成日方的关注和交涉。

"你觉得这样的行情还能维持几年？"我问了一个大家都非常关心的问题。

"类似问题有好多人也问过我，大家都担心阳光玫瑰会不会像夏黑一样，也是'火'3年就会挂掉？我说不会，只要你用心去做。"在刘文豹眼中，阳光玫瑰是一个需要技术和精细化管理的品种，在他今年走过的葡萄园中，能达到标准的还不到20%。

"大家只看市场，不看自己。只说谁的阳光玫瑰卖的价格有多好，不看自己的品质种得怎样。很多农户的观念都还没转变过来，不做避雨棚，不施有机肥，这样的种法等明年市场货一多，价格肯定会跌，甚至会没人要。但是放心好了，好货跌不到哪里去的。"

"阳光玫瑰我为什么不担心？你想一下，中国有多少人还没有吃到过它，还有多少三四线城市没有流通过去，这个市场大了去了。"刘文豹对阳光玫瑰的未来充满信心。

"我这次来合肥就是想给大家吃定心丸的，我们计划在全国范围内建3 000~5 000亩的战略合作基地，与农户对接。比如签署5年合同，5年内你就不用担心销路，价格随行就市，我们再追加一些技术上的利润空间。"

"你希望他们怎么做？"

"我要一个稳定性，品质和产量的稳定。"刘文豹说。

2018年10月16日

国产的阳光玫瑰

炒作
是每一位新农人必须具备的技能

所谓"炒作"，是指自己或他人，通过一些手段或技巧，来对自己或产品进行刻意的宣传，以达到提高自己或产品的知名度，并获得效益。在本质上，"炒作"就是产品营销的一种手段。只不过这种手段讲究快速、高效，通过制造热点事件，轰炸公众舆论，就像炒菜一般让食物在热油中快速地颠炒，在最短的时间内做成一盆色香味俱全的美味佳肴。所以，从字面上解释，"炒"即高频的宣传，"作"是刻意地表演，连在一起就是一种高频的、刻意的、有表演性质的宣传推广。

在中国果业"产能过剩"的新形势下，想把自己的产品卖出去，还能卖个好价格，就必须依靠一定的营销手段，其中最高效的方法就是"炒作"。所以，"炒作"应该是每一位现代农业从业人员必须具备的技能，它能让你的产品在消费者眼里琳琅满目的产品栏中脱颖而出，成为消费者的首选。如果还像传统农民一样只懂种植，不懂营销，在这个新时代里是没有出路的。

赤焰炒作三部曲

都说每一个男人从小到大都有一个武侠梦，我也有，所以时不时会把果业中的人或事关联到金庸的武侠世界中。比如把欧美果业的机械化模式比作"少林派"，刚健敏捷；把日本果业的精致化模式比作"武当派"，以柔克刚；又把眼下极度焦虑的中国果业比作没有帮主的"丐帮"，虽说是天下第一大帮，却是一盘散沙……

最近又寻思着把中国果业的那些能人分成两派，一派是"气宗"，一派是"剑宗"。"气宗"品质唯上，代表人物有上海马陆葡萄主题公园的单传伦，单老爷子认为"酒香不怕巷子深"，只要把自己的产品品质做好就能立于不败之地；"剑宗"营销唯上，认为只要营销手段做得好，纵然品质平平，也能笑傲江湖。

吴智在我心目中就是这样一位"剑宗"高手。

营销 是我们的手段

赤，就是红色，代表石榴的外表；
焰，就是火焰，代表吴智对石榴的期望值。

从2014年包园改接，到2017年扬名立万，吴智从一名默默无闻的新农人蜕变成行业大咖不过4年光阴。对绝大多数果园主来说，这还是果树刚刚进入初结果的时间。

而"赤焰"品牌真正的脱胎换骨只用了不到一年时间，全程如行云流水，一气呵成。

2016年12月，吴智开始有意识地在农业大号中留言，凭借自己多年在农业行业中跌打滚爬的经历和认识，引发大家的关注和共鸣，被点赞，被置顶。

"通过这个切入口，让农业圈子里的人了解我，了解'赤焰'，这是刚起步的低成本运作，有效果，但影响力并不大。"吴智坚持了半年，开始把传播途径从新媒体转向门户网站。

2017年5月，吴智找了一个品牌营销策划团队，尝试做系统的品牌营销推广活动，确定的方案是"以我的创业故事为载体来传播品牌"。

先是推出相关人的故事：一对彝族夫妇如何通过管理"赤焰"软籽石榴实现脱贫致富，一名彝族大学生如何直播卖石榴……到8月份的时候，配合"赤焰"在杭州的参展活动，吴智推出自己的创业故事。

"一下子就爆了！"吴智用"懵"字来形容当时的感受，"我们自己都没想到能上腾讯首页，然后各种媒体转载，采访者和求合影者络绎不绝。"

"应该是踏准了两个点，一个是那几年正流行的大众创业，另一个是被大众诟病的房地产业。我相当于放弃了一个来钱最快的一个行业，转到一个来钱最慢、风险最大的一个行业，这会引起大家的好奇。另外，我是一个外行，又是一个背井离乡的外地人，以一个新农人的身份进入这个最苦逼的行业，之前还掉过那么多坑，现在又爬起来了，也算是一个励志的故事。"

于是，"老吴卖房种石榴"就成了一个能引发共鸣、乐于传播的创业故事，"赤焰"就借着这个故事的传播被广大消费者所认知。

"那一个月的时间，我是处于一种每天被追货的状态。"吴智说。

到10月的时候，吴智又受邀在"开始吧"做了一次赤焰石榴的众筹活动，上线3个小时突破1 000万元，最后的众筹额达到3 000万元。

"实际到手的众筹额其实只有300万元，但这场活动又掀起了一波传播高峰，各种刷屏。"吴智总结说："但凡有什么事情你是第一个做，或者做得与众不同，大家就乐于传播。"

就这样，"赤焰"火了。

从上半年自媒体的铺垫，到8月份门户网站的爆发，再到10月份众筹模式的锦上添花，吴智用了一年时间就把"赤焰"做到无可复加的品牌影响力。

其成效之快，就像耐不住寂寞、最后沦为反面人物的华山派掌门人岳不群所说的：剑宗的功夫易于速成，见效极快。

说起中国果业的剑宗开山鼻祖，那非"褚橙"的创始人褚时健莫属。

褚老先生的性情原本也属气宗一派，年轻时把玉溪卷烟厂修炼得炉火纯青；待到七旬高龄再去哀牢山种冰糖橙，在销售上便是有点力不从心，无奈之下，借助第三方的营销策划能力，推出自己跌宕起伏的传奇人生和七旬高龄再创业的感人故事，一炮打红，开创了中国果业主打感情牌的剑宗模式。

从此，效仿者无数，但成功者寥寥。

"能不能讲'赤焰'这个品牌故事是中国果业继'褚橙'之后另一个成功的案例。"我问吴智。

"'褚橙'是一座谁也逾越不了的高山。"吴智说："我觉得在农产品领域中，以创业者的故事为载体来传播是最有效的方法，创业者或创始人就等同于他的产品，等同于他的品牌。只有让客户与你这个人产生共鸣了，他才会接受你的产品，才会传播你的品牌。他不会单纯因为产品的优质或功能性来主动传播。"

吴智分析了当下为数不多尚有知名度的几个水果品牌，如猕猴桃的"奇峰"和"七不够"，还有农夫山泉的"17.5°橙"，"它们给人的感觉都是冷冰冰的，没有什么情感在里面，像'17.5°'橙的切入点很好，第一个推出糖酸比的品质概念，但这种方法如果让一个小公司来推，对不起，这个品牌是做不出来的。"

突尼斯软籽石榴

"反正以产品为核心的品牌推广策略是不会做成爆款的。"我把吴智的话提炼了一番。

"绝对不会！绝对不会！"吴智重复了几遍。

就像华山派剑宗和气宗之争，各练十年，定是剑宗占上风。放眼当下的中国果业，也是剑宗一派风生水起。已经品质坚持了36年的单传伦今年在愁销路，而吴智可不愁，他还野心勃勃地想把剑宗的套路复制到其他单品之上，比如阳光玫瑰，比如红美人。

他想当"五岳盟主"。

"你对'赤焰'未来的期待或规划是怎么样的？"我问吴智。

"用剑宗的招式会在短时间里扬名立万，但是要真正占据一个品类的制高点，肯定需要用气宗的品质做基础的。"吴智倒是非常认可我的江湖比拟，便沿着我的思路来回答我的问题。

"气宗是产品品质，剑宗是品牌传播，我觉得这两者一定要结合起来。"

在2017年产季结束后，赤焰团队也做过一次总结，觉得现在的瓶颈应该是基地管理，于是绝大多数管理人员都住在基地，带着工人开沟、施肥……提高基地管理水平。

内外兼修，才能做出一个真正的好品牌。

2018年9月27日

提货券的秘密

　　7月16日，在中国园艺学会桃分会第六届学术年会暨新沂杯全国赛桃会上传来捷报，上海桃咏桃业专业合作社（以下简称"桃咏"）选送的新凤蜜露斩获金奖。这是桃咏第二次在全国赛桃会上获得金奖，也是桃咏第二次参加这种全国性的比赛。

　　"你觉得你的桃子能两次都拿金奖，主要是靠什么？"我开门见山地问。

　　"主要是这个品种好。"合作社负责人何明芳（上图）回答道："上海水蜜桃的主栽品种中，大团蜜露个头最大，但是糖度不够，硬溶质的，不是水蜜型的；湖景蜜露跟新凤蜜露的糖度不相上下，但湖景蜜露个头小，也没有新凤蜜露先天条件好。再加上我们的肥料是以有机肥为主，农药是以生物农药为主，还有一个就是我们的采摘成熟度高，一般都要八成熟到九成熟。"

　　何明芳是从1997年开始切入这个行业的，开始的时候只是收购自己村里的桃子卖，因为生意太好，光靠收购不够卖，于是就在2006年自己投资建了500余亩的果园，种了305亩的桃、100亩的葡萄和100亩的梨。

　　除此之外，合作社还有900多亩的西甜瓜基地和2 000亩的桃基地，统一提供农

何明芳在查看新凤蜜露的成熟情况

资，对符合标准的产品，以高于市面价0.5~1元/斤的价格进行收购。

这段时间正是合作社的忙季，水蜜桃、西瓜、甜瓜、葡萄、梨……桃咏每天的发货量都在2 000箱左右，其中门店销售1 200箱左右，网上销售800箱左右。

"怎么想起来要搞电子商务？"在我的印象中，做电子商务一般都是年轻人才会做的事，而我面前这位却是一位80后年轻人的母亲。

"像我女儿她们都懒得出去逛商场，都在家里拿着手机点一点，今天送过来啥东西，明天送过来啥东西，每天都有东西送过来的，那我就想办个电子商务试试看。"何明芳从女儿的购物方式上看到了商机。

2012年，何明芳就瞄上了网上销售，成为上海地产农产品第一个"吃螃蟹"的人。

何明芳先是从自己的晚辈中物色了几个刚出校门不久的亲戚帮助操办电子商务。"如果找外面的大学生，他们做一两年就会跑路，谁愿意到农村来做的，所以我想着把自家人找回来，让你们来帮我做做看。"

何伟杰是何明芳的侄子，学的设计专业，大学毕业后在外面闯荡两年后，最后决定回来实践何明芳的想法。

"我们在2012年12月份开通网站，2013年的5月份开始做淘宝，同年7月份做1号店，隔了一年又做了苏宁易购，然后过了一年再做天猫，现在总共是5个平台。"

左）何伟杰在查看网上的下单情况
右）客服人员正在接听客服电话

何伟杰向我介绍桃咏电子商务的发展之路。

白天接单，做售后服务；晚上打包、贴单、配发，这是何伟杰每天需要重复的工作。旺季的时候每天都要忙到深夜。

除了何伟杰，何明芳还招聘了另外3名大学生一起来做电子商务。

"雇大学生的成本比一般的打工者要贵的多，老头老太我忙的时候雇上两三个月，但大学生我得十二个月养他的，放他回去，他就跑掉了，到其他单位去了。所以我就要找点东西给他们卖，自己的水果在夏季卖完了以后，我就从新疆采购阿克苏苹果、红枣等产品，还有浦东特色农产品放在网上卖，门店也卖，五六十个品类，什么咸菜、大米、玉米、年糕乱七八糟的都有。"

"一般的合作社他们做不到，如果单独卖桃，卖完一个月，你得养他们十一个月，这个费用太大了，不行的。"何明芳强调做电子商务需要产品多样化。

在七八月份忙季的时候，何明芳还雇用在校大学生来做暑期工，高峰期的时候有十几个客服人员。

有了电子商务的有效补充，桃咏的销售额并没有因为"八项规定"的出台而出现滑坡。相反，在丧失原来占比高达50%的政府消费后，桃咏在2013年的销售额达到2 800万，比"八项规定"出台前还多了800万。

"亏得我们做得早！"何明芳对自己的英明决策颇感欣慰。

"电子商务这一块占整个销售额的百分之多少？"我问何明芳。电子商务对我来说也是一个比较陌生的领域。

"百分之二十几吧。"何明芳笑着说："数量大的往往是线上谈好，线下交易的，这部分没有统计进去，这部分的总量不会比线上交易的少。"

带二维码的提货券

"电子商务这一块其实是推广，也是一个沟通的平台，有好多消费者原来不知道去哪里买，到网上查一下，看我们营业执照、检测证书都在上面，消费者就有信任感，沟通好了以后，有的到门店来买，有的我们直接送货，就不在线上交易了。"

2016年，桃咏的销售额突破3 000万。

聊到嗨时，何明芳从包中掏出几张提货券，分别是南汇水蜜桃品牌合作联社的南汇水蜜桃、南汇8424西瓜品牌合作联社的南汇8424西瓜、南汇翠冠梨品牌合作联社的南汇翠冠梨、桃咏桃业专业合作社的桃咏葡萄……

与普通的提货券不同，这种提货券上多了一个二维码，何明芳指着这个二维码跟我说："你拿手机扫一扫这个二维码，输入票券号码和票券密码验证后，再输入你的姓名、收货地址和联系电话即可，次日快递公司就会把水果送到你家里。"

"提货券主要是为了方便顾客。因为有好多顾客是送礼的，比如说我买了10箱，要去送几个朋友，到时候我拿了这些桃子去送的话，有的家里还有，这几天不吃；有的人家这几天出门了，不在家，那他送礼就很麻烦。如果他把提货券送给人家，人家随时随地可以提货，等家里没东西吃了，手机扫一扫把自己家庭地址输进去就可以坐等送货上门了。"何明芳继续解释道。

"还有，这个提货券里桃、梨、葡萄、西瓜、甜瓜等产品都可以自主选择。我不吃桃的，我拿西瓜也可以；不吃西瓜的，我拿梨也可以……所以这个券是很受欢迎的。去年有一个客户一下子就买了25万，他说这个太方便了，平常就放在包里，见到想送的人就可以送。"

"这种带二维码的提货券是我们发明出来的，我们是第一家。"何明芳自豪地说："以前你一箱桃子送出去，提货券是要收回来的。比方说这个桃子你是要送给你妈妈的，但券在你自己手中，桃子就不能直接送到你妈妈那里，这种提货券就比较麻烦。

桃咏的水蜜桃

我们就让浦东新区的信息中心帮助设计了现在这种不需要收回的提货券。"

虽然品牌合作联社的其他成员也跟着统一使用这种提货券，但没有一家能像桃咏做得如此"风生水起"的。桃咏每年发出去的品牌合作联社的提货券近8万张，产品价值上千万。这还不包括桃咏桃业合作社自己的提货券。

"一是产品没有我们多，他们就一个夏季有水果，过了这个夏季就没东西了，那我们长年有东西；二是他们没有专人看后台，都是兼职的，可能单子填了一个星期都还没发货，或者打一天电话都没人接，而我们的售后服务比较完善。"

除了负责网上平台的几位大学生，何明芳还安排了两位工作人员专门接听客服电话。"有好多上年纪的顾客网上不会操作，就可以直接拨打配送电话要求送货。"

"今年又先进了一步，当提货券上的货发出去以后，我们会让电信部门给消费者发条短信，什么时候订的货，预计什么时候配送到家，提醒消费者要有人接收。发一条短信要七分钱，虽然成本上去了，但是服务好了。所以我们的提货券卖得都比人家的要好。"

服务到"体贴入微"，这是何明芳成功营销的主策略。

回家后，我让同事按照提货券上的方法向桃咏订了一盒新凤蜜露，次日送到。平均单果重290.9克，最大的308.4克，最小的276.2克；平均糖度16.2%，最高的18.3%，最低的14.5%。

我尝了一个，香甜，柔软，多汁，还有一种如母亲般无微不至的温暖。

2017年7月19日

225

吴小平葡萄熟了

吴小平最喜欢干的事情大概就是"刨地"了（上图）。

我跟他一起两个多小时，转了他在重庆迎龙和南川两个基地，他就在葡萄园里刨了七八回地，演示他家的土壤有多疏松。最夸张的是在南川基地，他直接用自己的右手在葡萄架下刨洞，直到把自己整个胳膊没在土中。

"你到底施了多少有机肥？"我惊诧地问道。能把土壤改造到如此的境界，我确实是第一次见到。

"这12亩地差不多用了1 000吨有机肥，包括牛粪发酵的沼渣、食用菌的菌包，还有草炭。"他站在畦面上，比划着头顶和平棚架的距离跟我说："以前我的高度是刚好与平棚架相平的，现在整整高出了一个脑袋，这高出来的30厘米就是硬生生地用有机肥堆起来的。"

"你看，我的土就像基质栽培的土一样，黑的，跟原来的土完全不一样了。"他从松软的土壤中挑出一小块黄褐色的土壤说，"这就是原来的土壤，很硬的。"除了色泽和容重上的差异，土壤中还增加了很多被誉为"生物犁"的软体动物——蚯蚓，差不

左）原土与改良后土壤的比较
右）土壤中的蚯蚓

多每一把土里都能找到它们的踪影。

"你看，这个是中国农学会葡萄分会会长刘俊去年春天给我测的土壤数据。"吴小平洗了手之后，又从口袋里拿出手机，翻出一张记载着数据的图片给我看，"这是原来全国土壤改良做得最好的饶阳一家葡萄园的数据，土壤有机质含量是2.17%，我南川基地的有机质含量是8.84%，迎龙基地的有机质含量是9.87%，最低的是4.73%……"

"你的土壤有机质含量已经超过日本了。"这组数据已经完全超出了我大脑中储存的数据范围。

"日本最高也就5%~6%，我这个基本能超过它。"吴小平自豪地说。

"有必要用这么多有机肥吗？"其实我还担心用这么多有机肥会不会对土壤造成副作用。

"刘俊也这么问过我，他说我是在搞'腐败'，有必要用这么多吗？我说我是搞着好玩的，反正沼渣和菌包都是现成的，很便宜，倒是人工费比较贵。"

"这样改造一亩地需要多少成本？"

"新建园的话一亩地改土需要四五万元，所以刘俊也说我这个没有推广性，这么高的成本怎么推广啊！我是这几年卖葡萄也挣了些钱，就当做回馈土地么。只要能把葡萄搞得好吃，就行了。"吴小平轻描淡写地说。

吴小平种葡萄原来也不是这么"豪"的。1998年建的第一个葡萄园，100多亩面积，到2001年就把老底赔光，合伙人跑了，还欠下银行160万元。

"到2003年我已经彻底垮了。当时就遇到两位贵人，一位让银行暂缓了我的还

吴小平在查看阳光玫瑰的发育情况

款，另一位就是我的师傅——单传伦，他教了我种葡萄的理念。"

单传伦是上海马陆葡萄的带路人，创办了上海葡萄的标杆企业——马陆葡萄主题公园，在精品生产和销售模式创新方面对当时国内葡萄产业的发展都起到引领作用。

"单老师当时教了你什么？"我问吴小平。

"他没教技术，真正的好老师是不讲技术的，他如果把你的技术框框设限了，你就完了。他就跟我讲如何做人，讲种植理念。最后讲一句话，你把葡萄的风味做好。"

"你就把风味两个字记到现在。"在与吴小平交谈的过程中，"风味"是他表达葡萄品质的关键词。

"对，先改土，把产量降下来，把风味提上去。"吴小平说。

左）重庆迎龙基地的广告牌
右）吴小平葡萄中夹带的二维码

2004年，吴小平把刚卖了一个星期葡萄得到的7 000元在高速公路上做了一块广告：吴小平葡萄熟了，吃葡萄不要钱。

"在中国，在高速公路上做葡萄广告，我是第一人。"他得意地说。

"真的不要钱？"我呛了他一句。

"吃不要钱，敞开肚子吃；带走肯定要钱的。"

"是品尝不要钱。哈！哈！"我笑了，因为前面我误读了他的意思。

"不叫品尝，你随便吃。"吴小平也乐呵呵地说："那一年我生意好得不得了，排队排了好多人！"

"这个广告做了之后就火了。"我赞叹道。往后数年，吴小平不断增加户外大型广告的投入，最多一年投入40万～50万元，直到近几年转向微信营销，才减少了户外的广告投入。

"之后就每年涨价，头一年卖2元／千克都卖不掉，第二年就是10元／千克了，第三年20元／千克，然后30元、40元、50元、60元就涨起来了……卖到最后人家为了买葡萄打架，挨着排队，后面的人买不到，就这样。2008—2013年最好的时候一天能卖50万元，现金。"

"那葡萄的品质变了吗？"我问这个问题的目的是想衡量一下品质与营销所起的作用哪个更大。

"肯定变了，就是单老师说的理念：多施有机肥，把地改好，让葡萄的风味好一点。"

"这个时候你觉得自己的葡萄在当地是最好的吗？"

"就风味来说应该是最好的。"吴小平自信满满地说："反正我没有吃到过比我的

草炭阳光玫瑰及价格

葡萄更好吃的，除了单老师的葡萄之外。很多重庆人只认我的葡萄，我的葡萄结束后他们就不吃葡萄了。"

在重庆，你喊出"吴小平"三个字，就会有人接上"葡萄"。

"这个是噱头多还是实际内容多？"我指着销售点价目表上的"草炭"两字问道。在他的价目表上，凡是前面冠以"草炭"两字的价格都贵20元／千克。

用草炭种葡萄也是吴小平的创意。

我第一次听过吴小平葡萄的时候，就带着草炭葡萄的概念。如今，在重庆也有不少葡萄园跟着打出草炭葡萄的招牌，当然，草炭的用量与吴小平没得比，他在阳光玫瑰上的用量是每亩50~60立方米，光这笔成本就需要2万~3万元。

"实际内容，没有噱头。"吴小平说，"这也是我受东北大米这么好吃启发的，草炭就是东北腐殖土，有机质含量高么。"

"打个比方，你的葡萄风味好，是沼渣和菌包起的作用大，还是草炭起的作用大？"我追问道。

"都一样，都有效果，草炭最好。实际上我用的有机肥是多元化的。"吴小平说。

草炭可能并不重要，但是，品质的内容加上营销的噱头，才造就了吴小平葡萄。

这也是做出一个好果园的不二法则。

2019年6月27日

后红美人时代

参加完由木美土里集团公司举办的"中国美丽农业论坛"的主题报告后，韩东道（上图左）就急匆匆地从西安飞回宁波。因为第二天有"大人物"来造访他的象山柑橘博览园。

这不是一般的"大人物"。

无论从学术角度，还是从行政职务上，都是他生平遇到的最高级别的人物——中国工程院院士、国家柑橘产业技术体系首席科学家、中国科学技术协会副主席、原华中农业大学校长邓秀新教授。

一个月后，当我再次来到象山柑橘博览园时，韩东道拿出刚从包装厂运过来的柑橘包装盒给我看，瓦楞纸，印刷非常简洁，上面就印着"静橘"两个字。

"这个商标是邓院士给我起的。"他兴奋地说。

在象山柑橘博览园主体大棚的正门背后，挂着一块木制门匾，上面写着"安静的做一个橘子"8个大字。我上次来的时候，韩东道就跟我提过，这句话是他的座右铭。

他自己想的，然后让当地的书法家写的。

我心里还暗自嘀咕了一下：能安静吗？

象山这几年给我的印象"浮躁"得很，一个红美人让他们散发出"牛皮哄哄"的自负，甚至喊出"中国柑橘看象山"的口号。

韩东道也给邓秀新介绍了他的座右铭。

邓院士眼尖，一眼就看出有错别字，是"地"非"的"。

"这个'的'是我特意这么写的。"韩东道解释："有三个用意，首先这是安静的'的'，不是用'土'字旁动态的'地'，我希望自己静下来；第二个意思代表我这个人不完美，这句话可以提醒我不断进步；还有一个方面，是写错了的"的"更容易让人记住这句话。"

"故意留错！"我笑了笑，这在某些新媒体中倒是惯用的手法。

这番将错就错的解释的确让邓秀新印象深刻。

"你去注册一个'静橘'的商标吧，在这个快节奏的时代，能让人静下心去做一样事情，不容易。"邓秀新并没有给象山红美人的品质给出什么评价，倒是给韩东道建议了一个商标名称。

韩东道喜出望外，随即就去当地工商局注册"静橘"商标。

"以后我就不写红美人了，就用'静橘'，用邓院士给我起的品牌。"

我与韩东道认识的时间不长，2018年春节期间第一次见，给我的第一印象是《花果飘香》的铁粉，交流之中会不时冒出我文章中的经典语句。后面又见过几次，就觉得他与象山寻常果农（包括年轻的农二代）的理念有明显不同，身上没有那种发财后的"沾沾自喜"，对象山红美人的产业发展有着强烈的忧患意识。

"我感觉象山红美人的危机是我们缺少市场运营的团队，缺少能够让红美人走出象山的人。"韩东道介绍，目前象山红美人依旧是礼品消费，今年5斤装的象山红美人礼盒装零售价是200元。

"买的人不吃，吃的人不买。"我插了一句。

"现在的批发价是44～50元／千克，加上损耗和物流成本，

象山柑橘博览园

在这个4 200平方米的玻璃温室中集中展示了200余个柑橘品种，从玻璃温室后门出去，围绕广场依次是企业文化展示区、柑橘品种陈列区、内部接待餐饮区、新品种展示区、小型会议区和休憩区等等，整体布局有点像古代三进宅院的结构。除了玻璃温室和广场四周的古建筑群，这个斥资近2 000万元、占地面积50余亩的象山柑橘博览园中还有独立的社会化服务中心和产后处理中心，以及新品种展示区和采穗区等功能性的大棚设施。

韩东道（左二）在介绍柑橘新品种

象山红美人的采购成本价就要56元／千克，按照水果销售40%毛利润计算，门店至少要卖到70元／千克以上才有利可图，而现在国内在商超卖得最贵的澳柑也只有40～50元／千克。"韩东道继续说道。

"如果渠道不挣钱，他们就不会运作，象山红美人就进不了市场。取而代之的是其他产区的红美人，像现在联华、先锋在卖的39.8元／千克的红美人肯定不是象山的，很可能就是你们台州的。"

今年台州红美人前期的批发价在26元／千克左右。昨天我在一种植户家中看到某电商平台采购单果重150～400克的红美人，统货价是18元／千克。

"现在说起红美人，大家想到的就是象山，但当销售平台这部分流量被其他产区瓜分后，以后大家想到的还会不会是象山，这是一个非常严重的问题。"韩东道忧心地说。

"因为以后的流量和标杆，不是说政府宣传投了500万或者1 000万就占领了，这最多占到了20%而已，真正80%的流量和标杆地位是靠渠道给你占领住。举个例子，云南的软籽石榴这几年投了那么多的广告费用，市场为什么还是让'赤焰'的吴智占领去了，是因为渠道让吴智占领了，所以现在人家只认'赤焰'。同样道理，虽然我们到处宣扬象山红美人，但是如果渠道让人家占领去了，以后的江山肯定是要易主的。"

"这是我们象山红美人最大的危机。"韩东道强调。

"那你觉得象山红美人应该怎么走，才能把渠道占领住？"

"我觉得象山红美人要走得好，就必须要和有影响力的水果销售平台合作，通过他们的渠道，把销量和宣传都做上去。"

"现在跟渠道合作最大的难点在哪里？"在西安的时候，吴智曾跟我聊起过打算今年跟韩东道合作，让象山红美人对接上"赤焰"的渠道。但结果却"黄"了。

"首先还是价格。在商言商，对于一个生意人来说，他考虑的是这个商品我去运作，我有没有利润；另一个方面，对接渠道，象山在各方面都没有跟上去。比如标准化怎么做？平台服务怎么做？管理怎么做？这些都需要系统的人才。"

"你能做这个事情吗？"我问韩东道。

"我想说我将来要做这个事情。我们中国人里面不缺少农民，但缺少真正的农业公司来做这个事情。"韩东道说："我要做好三个经纪人。第一个是做农民的经纪人，把我对农业理解的一些理念，比如生草栽培、生物菌肥、肥水一体化等技术推荐给农民，做技术落地的经纪人；第二个做渠道的经纪人，把象山的红美人真正推向市场；第三个是做高等院校的经纪人，把高等院校的创新技术和品种对接到农民，做他们技术转化的经纪人。"

"你怎么看待红美人的未来？"对红美人，我有一个永恒的话题——红美人，还

从上到下：
明日见
濑户香
媛红椪柑
甘平

韩东道在展示柑橘新品种

能红多久？

"在我的眼里，红美人只不过是一个能让消费者认可的好水果。"韩东道说："如果它能一直能让消费者认可，它就一直能红下去。"

"你估计能持续多少时间？让消费者一直认可的'一直'是多少时间？"我追问道。

"我不是一个科研人员，我回答不了这个问题。"

"这个问题科研人员也回答不了的，最终要问市场。"我意识到自己问了一个傻问题。

"因为我不知道这个红美人的替代产品几时能够出现。但就目前象山来说，这个时间段红美人还是最好吃的，它还是会继续红下去的。"

"那你对红美人以后的价格有什么期待？"我换了一个更实际的问题。

"价格肯定是下降的，因为产地多起来后，没有理由不下降的。价格下降不光是必然的，也是必要的。"韩东道说：

"因为一个好水果如果没有走入寻常百姓家，它就不是一个好水果。"

2019年1月20日

第八章

效益，是我们的希望

卡位

"为什么没种阳光玫瑰？现在这个品种这么火！"我问元谋县果然好农业科技有限公司总经理龚向光（上图）。这是我这趟云南葡萄之旅唯一一家没种阳光玫瑰的企业，而且是一个拥有9 000亩土地、近2 000亩葡萄的大型农业企业。

"要知道，一个团队如果没掌握技术管理，风险是很大的，做企业是讲究成功率的。"他不紧不慢地说："等建水这波阳光玫瑰的浪潮过去后，如果元谋确实有相对于建水比较全面的优势，风险又不高，我可能就会搞。因为建水这个对手比较强，虽然元谋是能够早几天成熟，但在我心目中早几天的优势不够明显，我还要大把的品种可选择，我干嘛要跟这个强大的对手去竞争呢？"

跟大多数热衷于赶风口、追新品的企业不同，这家农业企业种的是传统的大众品种，在其近2 000亩的葡萄基地中，红提（红地球）和青提（无核白鸡心）是其主栽品种。

龚向光说："我选择做市场容量大的品种、在技术上比较成熟的、我们的管理水平能够做到的品种，来保证这个成功率。这是大果园赚钱的第一要素。第二要素是

工人在分级包装

在市场方面追求绝对的优势，我把前面价格最高的那一部分吃进来就好了。像我们的红提上市期是4月份开始上市，青提是3月份开始上市，那个时候在全国市场基本上是没有对手的，当我们的红提卖完了的时候，宾川才开始上，所以我们的平均价格是20元/千克，而宾川旺季的时候只有6~7元/千克。"

"这是从战略角度考虑，做大果园的一个核心要素，从市场去布局。"龚向光强调说。

"可不可以说放眼全国，元谋的成熟期都是最早的？"我大致明白了他的优势所在。

"肯定是最早的，而且口感也不错。"龚向光说："我们现在的垃圾果都卖10元/千克，这个价格比宾川好果的价格还贵一倍。"

"同一个品种的成熟期会比建水早多少天？"我问他。相对来说，建水在葡萄早熟市场的名气更大，这段时候采购商基本上都待在那里等货。

"大概早10天左右。"龚向光说："就云南葡萄的几大产区来讲，宾川冬季的温度无论高温和低温都要比元谋低2~3℃，建水的低温比元谋低1℃，高温低1~2℃。你别小看这1℃，这是一个非常大的差距，因为水果的生育期长，积温的差距就非常大。还有一个关键，像红提这样的红色品种在建水种的话果面发黑，口感也不如元谋好，所以说这样的品种在元谋的优势是非常明显的。"

"你现在葡萄园每亩的平均产值能达到多少？"我问实际效益。

"今年上4万元吧。"龚向光应道："2018年我们总的销售额是4 000万元，这几年元谋的价格基本上稳定，市面上只有南美智利进口的红提对我们有点威胁，不过他们的价格也不会低。"

红提挂果状

"那效益还真挺不错的。"

"可以说在这里做农业是处于半垄断状态，所以价格会比别的地方都要高。打个比方说，别的地方要做到80分以上才能赚钱，在元谋只要做到60分就能赚钱了。"龚向光形象地说。

"如果把你的企业移到建水去，你觉得有没有投资价值？"我还是以建水为参照物。

"我不会去。"龚向光肯定地说："就葡萄行业来说，建水的投资价值还算可以，比宾川强一点，但是最好的是元谋。只要我们的技术和管理成熟度达到一定标准的时候，元谋的效益会远远高于建水。"

"现在工商资本进入云南投资农业失败的案例也很多，你觉得主要什么原因？"我换了一个话题，从产区的优势转移到管理的问题。

"第一，选择问题，如果我们选择宾川，估计我们也完了；第二，资金问题，不能投得太大、太激进，后续资金跟不上，也很危险；第三，技术问题，搞农业，技术一定要到位。"龚向光一一罗列道。

"你是从化工行业转行过来的，农业技术上的难题如何去克服？"实际上早期看中元谋的远不止龚向光一个人，包括我的老乡也有不少人刚来云南的时候也把元谋视作比建水更有早熟优势的产区，但最后都是因为没能解决好技术问题导致铩羽而归。

"我们也掉过不少坑，可以说年年有差错。"龚向光说："像2014年我们有一个200多亩地的园子一年才卖了20万元，没花。在这里种葡萄实际上是有技术门槛的，这也是我们所看中的。"

"对啊，这边温度高，容易出现花芽分化不良的现象，这个难题你们已经克服了吗？"我继续问道。

"说白了，技术方面就请教老师嘛，本地老师，外地老师；这个专家，那个专家；这个博士，那个教授，一起搞嘛，总会有进步的。现在技术不是主要问题，管理是主要问题，团队的成熟是主要问题。"

"对啊，工商资本进入农业领域后，在企业管理上会存在很多问题，这方面你有什么诀窍？"这也是我关心的问题。

"我们的机构比较健全嘛，"龚向光说："我们有技术部、品质部、生产部……技术部提方案，提时间要求；生产部就按照进度来做，完成工作；品质部就监督有没有做到位，有没有按时间完成。农业这个东西你如果做不到位，都就可能把本来可以挣钱的项目变成亏钱的。"

"那具体的生产者是怎么样的一个承包机制？"我问最底层的管理模式。

"基本上都是长工，一对夫妻管理12亩葡萄，考核完成后一个月发4 800元；等果子采收后再给果奖，一斤果给多少钱。"

"这样会不会出现工人为了产量，把产量提高太多造成品质下降？"

"这个我们有要求，就是品质部负责的事情。比如今年花多，修花修了一个月，啪，啪，啪……"龚向光模仿剪刀修花的声音，"我们现在最主要的成本是人工，人工费大概要占整个生产成本的60％。"

"包括管理人员的成本吗？"我细问道。

"不包括，因为我们现在架构大，面积还不够，所以现在管理成本可能要占总成本的10％左右。现在一直在扩面积，以后的占比会控制在7％左右。"龚向光介绍，目前公司光生产技术部就有十几个人，除此之外，还有营销部、采购部、财务部、综合管理部等部门。"我们这里人多，农业管理是个非常细的活。"

"现在农业企业留人难，这个问题你怎么解决？"

"留人是吧，也不难，企业有效益，能多发钱就行了。还有一点非常重要，像我们公司处于目前这个时机，说实话眼前赚不赚钱并不重要，重要的是卡位。这是短期效益服从于长期效益的一个考虑，所以我们不断地在拿地，只要我们在这个全国早熟的细分领域做到老大，无论市场资源、政府资源还是技术人才，都会跟着来了。"龚向光信心满满地说。

我是第一次在农业企业当中听到"卡位"这个从篮球场延伸到商界的专业术语。

2019年5月20日

龚向光在花果飘香五周年论坛上发言

"卡位"的五大效应

"卡位"是一个短期利益服从于长期利益的考虑。

在元谋这个地方，我们去得比较迟，但是我们在短短两三年之内，就当了元谋的老大，就形成了"卡位"的效应。

第一个效应是客户资源。现在所有大的经销商来到元谋，首先就来找我。因为他不找我，他就拿不到足够的货源，一般散户的货他也看不上。

清扬在花果飘香五周年论坛上发言

第二个效应是政府资源。我们抢占这个位置之后，政府会格外关注我们，比如我们要做设施上的改进，政府也会给我们一些帮助和支持。

第三个效应是银行资源。农业和工业的最大区别是形成不了资产（引自浙江新理想农业发展有限公司胡晓海），但是在元谋的情况有点特殊，今年我们以承包的土地作抵押，银行也给我们贷款。

第四个效应是人才资源。我们以前招人很难，现在"卡位"在元谋老大之后，招人就比较容易了，就可以招到比较高端的人才。

第五个效应是土地资源。这是一个核心卡位。因为元谋这个地方比较特殊，它是一个小盆地，在这里农民种蔬菜的效益也还不错，所以大面积的地块是可遇不可求。我们公司的策略就是在元谋拿两万亩地，我们占有的地多了，假如哪一天有一个强大的对手也看中了元谋，想来元谋抢占市场的时候，他就没有土地资源，因为连片的地块都被我们占了，也就是我们可以把强大的对手规避掉，这样我们就在自己的细分领域过得比较舒服。

当然，"卡位"是要付出代价的，地多了要付租金的，这就是一个短期利益服从于长期利益的策略。

——龚向光

花果飘香五周年论坛现场

大果园的盈利模式

在我走访过的几千亩以上的大果园的经营者中，我对云南元谋果然好农业科技有限公司的龚向光印象最深，思路最清晰，营利模式最明确，包括他的"卡位"理念、市场的定位、品种的选择、人才的吸引和团队的培养，我都非常钦佩。

这样的企业肯定能做好，盈利前景也非常看好。

我在2019年年初提出：优势品种＋优势产区，是目前中国果业产能过剩的新形势下能够立于不败之地的取胜法宝，两者缺一不可。龚向光讲的"卡位"实际上就是我说的"优势品种"和"优势产区"的叠加。

你要么先立足于"优势品种"去找"优势产区"，要么像龚向光一样占了"优势产区"去找适合这个产区的"优势品种"，这两个要素的叠加是现在工商资本投资果园最基本的要素。如果达不到这两个要素的叠加，千万不要投，就是我今天说的第一句花果飘香的经典语录——"上策不投、中策少投、下策随便投。"

但是即便达到这两个要求，也不见得就能挣钱。我去过的一些大果园，面积上千亩的，除了老板和负责基地的，好像就没有其他管理人员。包括我今年去了三趟的西藏林芝的苹果，产品非常好，但是我们在营销和采后处理这些方面提的建议，就没人去落实。所以对大果园来说，还有一个非常重要的要素：你要有好的管理团队。

就像成都市红珊瑚农业开发有限公司兰志刚提出的41字管理方针：高层要"看计划、看过程、抓结果"，中层要"提前计划、认真负责、严格执行、以理服人"，员工要"听话照做、认真负责、服从管理、少说多做"。这个在目前的农业企业中也是一个很大的短板。

我为什么看好元谋果然好农业科技有限公司的盈利前景？不光是因为龚向光的"卡位"理念，还因为公司拥有包括龚向光在内的、强有力的管理团队，包括他们在执行的"技术部下方案、生产部负责执行、品质部监督执行"的管理模式。

这就是大果园的盈利模式：优势品种＋优势产区＋优势团队。

100元一个的橘子

吃100元一个的橘子会有一种莫名的仪式感。

从包装盒中小心取出，拍照，称重，测量糖度，只是没有吃出感觉，谈不上好吃，也谈不上不好吃，倒是每一瓣的糖度各有不同，从最高的13.5%，到最低的10.3%，变化得莫测高低。

第二次是和其他5个品种一起吃的，糖度变化依旧如此，最高的13.9%，最低的11.2%。其他品种没有这么"随意"，每一瓣的糖度基本相近，最大值与最小值不会超过1。

果皮很薄，是6个品种中最薄的一个，囊衣也薄，化渣性极好。在我吃过的所有柑橘品种中，它的化渣性仅次于红美人。

与红美人相比，我倒觉得它的化渣性更恰如其分。因为红美人已经柔软得不像橘子，像果冻。

没有种子，可以大片大片地取食，不必担心硌牙。

顾品和他卖100元一个的甘平

外观也是极美的。大小都在六、七两之间，非常齐整。扁平状，扁得不像橘子，像一个超大的柿饼。色泽倒没有多大特点，寻常的橙色。果面光洁，少有斑痕，果顶部有些包子般的皱褶，却不深刻。

工人在采摘时故意给每个橘子留一"小辫子"，数张叶片，橙绿相映间有种寻常橘子少有的鲜活感。

盒子用软质泡沫做底衬，泡沫中打有6个孔，大小刚好与橘子横径相符，把橘子放入其中，犹如6个半浮于水中的小黄人。

这样一盒橘子售价600元，一个橘子100元。

100元一个的橘子叫"甘平"。

甘，甜的意思；平，扁的意思。这个名字恰如其分地把品种的口感和外观特征都包含其中。

但凡又好吃又好看的品种多来自日本，甘平也不例外。

1991年，日本爱媛县立果树试验场用西之香和椪柑杂交育成，原代号为爱媛34号。2007年在日本完成种苗登记，正式命名为"甘平"。

我尝到的100元一个的甘平，出自象山甬红果蔬有限公司顾品之手。

"橘子卖100元一个我自己心里也是过意不去的。"顾品解释道，"开园时是卖160元/千克，后来不少种植大户过来考察，我都不怎么认识，不给他们尝，他们就开口100元一个，他们愿意花这个钱来尝一下。"

"炒到这个价格，我也没想到。"更让顾品吃惊的是，这个价格也很好卖，三、四天功夫，已经卖了6万块钱。

甘平

原产日本爱媛县，也叫爱媛34号。爱媛县立果树试验场于1991年用椪柑 ×
西之香（清见 × 特洛维塔甜橙）杂交选育的杂柑类柑橘新品种，2007年完成
品种登录。在日本被喻为"最甜最浓郁的柑橘"。

"一般都是种植大户过来买的，还有几个老板，老板买过去送人，一百块钱买过去送人有面子啊。"顾品边说边带我们去他家的甘平种植园。

园子不大，1.7亩的连栋大棚，几十株树，2014年高接，今年是高接换种后的第三年。

"今年产量也不多，也就两三千斤。"顾品说，甘平这个品种跟其他品种不一样，别的品种只要果子长出来下半年就能收，这个品种如果你技术不过关，上半年满树的果，到下半年一个果都收不到。"

顾品说的技术不过关主要是指甘平的裂果。别的柑橘品种可能裂果率5%~10%，而甘平这个品种很可能会裂到只剩5%~10%。

谁叫人家的"脸皮"这么薄，而且专门横向发展。

"今年因为没有台风，大棚一直扣着，控水控得比较厉害，所以没有裂果。"顾品认为这个品种现在还不能大面积发展，"你要把它的性能摸透后才能大面积发展，搞个几亩那无所谓。"

除了裂果，还需要摸透的是甘平的品质。

在日本，甘平被喻为最甜最浓郁的柑橘：一剥皮，甘平的清香味就会四处弥漫，拥有柑橘类前所未见的独特口感，果粒爽脆！超乎想像的浓郁高雅的甜味，万人喜爱！

我是没吃出浓郁高雅的甜味。相反，我吃到的甘平还有比较明显的酸味。

难怪顾品说："红美人的品质已经超过日本，但甘平还没有达到日本的水平。"

与甘平的试种不同，顾品已经把红美人的种植和销售做得风生水起。

2016年，顾品的32亩红美人卖了350万元，平均亩产值超10万元。

"我这个是最成功的典例。"顾品忍不住自己夸了自己一下。

2001年，21岁的顾品去了日本爱媛县研修，第一次接触到日本众多的杂柑类新品种。

但回来后，他并没有从事柑橘行业，而是独自去了上海做建材生意。那时的他觉得搞柑橘没啥钱途。

几年后，他父亲顾明祥却在家乡把红美人卖出60元/千克的高价。

顾明祥说，最早结的红美人只卖10元/千克，并没有现在这份明星般的"身价"。

契机发生在2008年。

顾品和他刚种的红美人

　　顾明祥在象山县林业特产技术推广中心的支持下，给红美人造了一个能保温避雨的塑料大棚，大棚面积只有1.5亩，但大棚里面种出来的红美人品质就完全不一样了，先是卖20元／千克，然后是40元／千克。

　　2009年，浙江省柑橘研究所所长陈国庆到访，在尝到红美人的"惊艳"品质后，建议把售价提高到100元／千克，理由是这样才能把这个品种的知名度搞大。

　　那时的总量并不多，还不到5 000千克，顾明祥还是觉得100元／千克的价格实在太高了，最后由杨荣曦（时任象山县林业特产技术推广中心主任）拍板，定下60元／千克的价格。

　　2012年，顾品再次去日本爱媛县研修。这趟回来，已经看见希望的顾品决定要在柑橘上大干一场。

　　次年，顾品在定塘镇台洞塘村承包了32亩长势并不好的橘园，计划全部高接成红美人。但他这个决定却遭到了家里人的集体反对，连第一个把红美人种进大棚并卖到60元／千克的父亲也反对。

杨荣曦（左）和顾品

在没有得到家人在资金方面的任何支持下，顾品义无反顾地去实施他的计划。

"第二年就收回成本并开始盈利了。2016年是第三年结果，产量75吨。因为来基地参观的人多，浪费也多，所以只卖了350万元，若按75吨计算400万产值是没有问题的。"

顾品成功了。

"当初技术比他好的也有，钱比他多的也有，但是他做起来了。这一步谁迈出去，谁有魄力就挣到钱了。"杨荣曦说："像他父亲就没有这样的魄力去包下这个园子。太专业的人往往做不好事情，太不专业的也不行，像顾品这样的是最合适的。"

分析顾品的成功因素，我觉得应该是"新品种＋高品质＋高定价"的叠加效应。

借赴日研修的机遇，得到"新品种"。

以大棚设施栽培获得"高品质"，满足消费者对高端产品的需求。

这两点都很容易理解。而"高定价"蕴含的商业意义则要丰富很多。

首先，"高定价"是一种商业炒作。

在当今这个物种多、品类齐、同品类产品竞争激烈的社会，如何才能使自己的产品从众多相似产品中独树一帜，引人耳目，提高名气，打造品牌，这就需要费一番脑力。

而炒作的基本目的是人气，也就是吸引大众的注意力，最终把公众注意力转化为销售额，这是最终目的。

"褚橙"这几年为什么这么红？就是背后有推手用褚时健跌宕起伏的一生炒作起

前来参观的种植户络绎不绝

来的。曾经改革开放的急先锋，鼎鼎大名的烟草大王，古稀之年银铛入狱，75岁东山再起。所以，"褚橙"又被称作"励志橙"。

寻常的施有机肥、间伐在"褚橙"中都是炒作的故事，跟明星喜欢闹绯闻、打官司一样。

100元一个橘子，很快就吸引了我的注意，尽管我不会去买这个橘子。

其次，"高定价"必须建立在"新品种"和"高品质"的基础之上。

跟常见的金奖水果成千上万的拍卖价又不同，8 888元的桃子并没有市场，但100元一个的甘平可以满足种植大户对新品种的渴望，以及土豪们对面子的需求，而60元/千克的红美人满足了普通消费者对高档水果的欲望。

顾品说："2016年象山的红美人我卖得最快，前期卖好的，后期卖差的，价格都一样，都是60元/千克。现在量少，以后肯定要筛选过的。"

杨荣曦说："分级以后，糖度11%以下就是不合格产品。红美人种到11%以下就没意义，如果这样的果品都卖高价的话，我觉得这个是不合理的。"

同行的万邦斌说："红美人最起码要13%，13%以下都没意思。我今年建大棚，下半年的目标就是13%以上。"

我说："15%以上才能让我吃出极品水果的味道。"

核心，还是"高品质"。

2017年3月2日

198元一串的
妮娜女王

我绝对是被美色诱惑过去的。

这个月本计划不出远门，静下心来多写些文章，但最终还是没抵挡住妮娜女王的诱惑，临时买了一张飞往云南的机票，去实地看看郭飞时不时发朋友圈的妮娜女王到底有多魅惑。

两个月前我去过她家的葡萄园，那时妮娜女王还是青涩的，所以印象不深，只记得穗形管理是做得比较到位的，反倒是对弥勒东方韵庄园的万花筒艺术馆印象深刻。

小幺（昵称）一袭红裙，在红砖砌成的建筑群面留下许多惊艳的照片。

妮娜女王在我的印象中也有类似的惊艳。

妮娜女王

妮娜女王是日本国立果树茶叶研究所于1992年用安芸津20号 × 安芸皇后杂交选育的4倍体欧美杂交葡萄新品种，2011年完成品种登录。果皮鲜红色，果肉脆，糖度高，香味浓，是目前欧美杂交种中最优秀的鲜红色的大粒品种。缺点是不易上色，无核化处理后容易掉粒，不耐运输。

我最早是于2016年在江苏省张家港市神园葡萄大世界里见到这个品种，徐卫东用了"大、红、甜、脆、香、水"6个字来形容。我更简单，就用了两个字——"性感"，而且是我见过的最"性感"的葡萄。

——红，如电影中，风姿绰约的女主角以一袭红衣在田园中漫步，那一抹红的惊鸿一瞥，如此娇艳，有触目惊心的美；甜，入心扉，伴随芳香，像爱的甜蜜，今生只为与你相遇。

贾润贵和郭飞也是从神园葡萄大世界引进这个品种的。种了460株，今年是第二年，挂了4 500串，平均一株挂了10串。

"这是什么？是灰尘还是果粉？"我指着葡萄外面一层"灰"问贾润贵。现场看到的妮娜女王的色泽多多少少让我感觉有点失望，大部分果实外面都有一层"灰"，盖住了原本应该非常鲜艳的红色。

"是果粉。"贾润贵说。

"本来是鲜艳的，但是今年太旱了，还有可能是紫外线太强了，才导致颜色不够鲜亮。"郭飞在一旁补充道。

"我感觉这个颜色没有2016年时我在徐卫东那里看到的鲜艳。"我不无遗憾地说。贾润贵的种植技术来源于神园。不同的是，贾润贵的妮娜女王是套透明的塑料袋，而神园在江苏张家港种植的妮娜女王是套着伞袋，只盖住头部，露着"下半身"。

风味也有明显的差别。都甜，但贾润贵在云南种植的妮娜女王更甜，甜腻了的那种甜，我随机测了几颗，糖度都在22%以上，而且有一股浓郁的酒香味。

郭飞把它称作为一种高级的玫瑰花酒的香气。

"你喜欢吃哪个品种，妮娜女王还是阳光玫瑰？"我问刚高考结束的丁瑶（昵称，贾润贵和郭飞的女儿）。女孩子长得很有范，能清纯，能冷艳，为我当天拍摄的这组妮娜女王的照片增色不少。

"我喜欢吃阳光玫瑰，妮娜女王太甜太腻了。"她不假思索地说。

"对啊，太甜了也不见得是好事。"在我出发之前，有意销售这个单品的胡志艺（浙江雨露空间果品有限公司总经理）也跟我反映过这个观点，郭飞曾寄了一串妮娜女王给这位拥有50余家门店的精品水果连锁超市老板品鉴。

"对，是太甜了！"贾润贵点了点头，说："这个品种是先上糖再上色，还没转红的时候糖度就到十七八度，等上色差不多了糖度都在20%以上，最高糖度可达25%以上。

"我吃下来的感觉是浓香的、浓糖（甜）的。"郭飞说。

丁瑶（左）和她的朋友在葡萄园

"主要还是浓甜，太甜了香气反而被掩盖了。"说话间，我已经吃完了一串。

"太甜"对江浙人来说根本不是问题，就像四川人不怕辣一样，但眼前的妮娜女王在品质方面也有明显的缺点：皮厚，有涩味。尤其是郭飞寄给胡志艺的那串大果粒的葡萄，涩味非常明显。

"涩味主要是什么原因造成的？"我问贾润贵。

"我感觉一个是氮肥施多了；一个是处理剂浓度高了，氯吡脲重了一点。"贾润贵分析道。在来云南的前一天，我在江苏就这个问题也问过徐卫东，他的解释包括浓郁的酒香味都可能与云南的强光照有相关性，还有高温胁迫。

云南现在是雨季，漫天的云朵，所以光照并不强，温度也不高，很凉爽，所以我分析涩味的主要原因来源于无核化处理剂的浓度——云南春季旱，温度高，相同浓度的处理剂因为蒸发速度的不同造成不同的结果，这在贾润贵仅2.5亩

对新拿下的60亩土地计划种什么品种的问题上，贾润贵和郭飞发生了争执。贾润贵的想法是一半阳光玫瑰、一半妮娜女王，他担心妮娜女王的种植难度和市场销售；但郭飞坚持全部种妮娜女王，她的理由很简单：既然能种出来全国最好的单品，为什么还要跟着别人去做大众的品种。图为贾润贵（左）和郭飞在一起查看妮娜女王。

198元一串的妮娜女王

的妮娜女王葡萄园中也呈现出梯度差异，有几行果粒大、果梗硬、着色差、涩味重，有几行果粒小，果梗软、着色好、涩味轻。

"我觉得还是处理剂的原因，浓度方面得调整。"我跟贾润贵说。

"今年销售怎么做？"我转身问郭飞，她管销售。

我这趟专程过来除了现场看看妮娜女王在云南的栽培表现之外，还带着一个任务——看看能不能做下"红娘"，让云南的妮娜女王能在浙江雨露空间的门店上崭露头角。

"今年是两步走，一部分是按串卖的，剩下的让收货商全部收走。"郭飞应道。

"现在谈下来是什么价格？"

"你不要把价格说出来，我就跟你说。"郭飞故弄玄虚地说。

先前她就已经把价格透露给媒体，只是"江湖"上传言很多，价格不等，最高价是王永春在朋友圈里发出的零售价——198元一串。在来之前徐卫东也告诉过我，郭飞今年的货他全包了，价格是80元一串。

王永春和徐卫东是同一家公司的，郭飞称王永春为"师傅"，称徐卫东为"师公"。

"对，给师公的价是80元一串。"郭飞说。

"现在谈了几家了？"我的朋友圈里就不止徐卫东一家在销售她的妮娜女王，本来生活网也在做预售，

"来谈的人很多，非常多。"郭飞说："其实也没有多少货供给人家了，本来生活网就给了他们一些样品。"

红色的妮娜女王和绿色的阳光玫瑰是绝配

"这个价格你们是怎么谈的,你抛价还是他们出价?"我好奇这个定价权。

"主要还是我们这边核算以后给他们报价,报价后相互之间再磨合一下。"

"那王永春发出来的198元一串的价格是哪里来的?"

"这是我们对外的零售价。"郭飞解释说,"顺丰包邮,一串198元;如果是自己来地里带走的,是168元一串;代理价是128元一串,快递费由代理他们自己承担。"

"现在开始卖了吗?"我问她。我到的那天没见她在采摘包装。

"卖着呢,昨天才开始接单,到现在也卖了十多串。"郭飞笑着说。

"云南其他地方还有种这个品种的吗?"我喝了口水,冲淡了口中弥漫的香甜味,接着问果园之外的事情。

"有,石林有,宾川也有。"郭飞说。

"石林那边有80亩,今年是第三年挂果了,但他的果是很松散的那种,就是一开始掉粒掉得严重,后面疏花疏果也没做到位,穗形不好看,有大小粒;然后上色也不好，都是青红青红的。"贾润贵补充道。

"那宾川那边呢？你们有没有去看过。"

"我们没有去看过，但看过他们发的图片，也不行，有大小粒，穗形不紧凑，还是松散的，还有就是上色的问题。"贾润贵说。

"宾川什么价格？"

"开始的时候说是100元／千克，后来就变成80元／千克，收一批给一批的价，不是包园。"郭飞说。

"那可不可以说，目前你的妮娜女王是全国颜值最高的？"

"对！"郭飞自信满满地说。

临行前，我跟郭飞建议道："你再挑一串类似我今天吃的妮娜女王寄给胡志艺，跟他好好沟通一下，看看他能出什么价？"

两天后，胡志艺给我发来信息，说："今年看来做不了，她要价太高，130元／千克，统货，不能挑。"

"明年再说吧！"我平淡地说。因为在与郭飞交流的时候就感觉出她很难与胡志艺达成共识，郭飞是一副奇货可居的样子，毕竟当下全国也就她家有这么点像模像样的妮娜女王；而胡志艺是站在消费者的角度考虑性价比的问题，他认为"100多元一串的葡萄应该是没有缺点的，如果不能改变它的涩味和皮的厚度，我觉得最多跟阳光玫瑰差不多的价格就够了，目前这个定位明显偏高了。"

今年郭飞家的阳光玫瑰包园价是80元／千克，比她现在开价的妮娜女王低了50元／千克。

"我们的定位是消费者花这个钱，不管是50元一串还是100元一串，买回去吃了还会来买，这才算成功。比如他今年4 500串全部卖出去了，明年有2/3的回头客，证明这个价格定位是准确的；但如果明年的回头客达不到1/3，那我觉得这个定位肯定是偏高了，它的品质对不起它这个价格。"胡志艺接着分析道。

两个月后，郭飞报来2.5亩妮娜女王的最终销售额：27.53万元。

其中胡志艺拿了300多串试销，进货价是130元／千克，销售价是156元／千克和176元／千克，除去包装、运费和损耗，胡志艺还亏了一点。

"消费者还是喜欢的，就是价格偏贵了。"胡志艺遗憾地说。

2019年7月14日

我们的希望

我有一个梦

川藏高原也是我今年重点关注的优势产区，丹巴县海拔高度2 000米以上，距离成都5个小时的车程，旅游资源丰富，美景，美女，加美果，是一个很有潜力的种植区域。

刘新丽在云南安宁考察红梨

　　"我回去也想自己做一个果园，你觉得可行吗？"在昭通机场值机的时候，来自四川丹巴的刘新丽忽然问我，这趟云南之行让她心潮澎湃，安宁的彩云红梨、弥勒的妮娜女王葡萄、会泽的突尼斯软籽石榴和昭通的华硕、红珍珠苹果……无论品质还是价格都给她留下了深刻的印象。

　　"可以啊！面积不要太大，50亩之内，种彩云红梨或者华硕苹果都不错的。"我应道。

　　"你对云南的印象如何？"我问同行的刘镇（木美土里集团公司董事长）。相比之下，云南的水果发展起步更早，而且立体气候更加明显，所以也更能体现我年初提出的"优势品种＋优势区域"的投资理念。

　　"在来云南之前，我在陕西省凤翔县曹儒那里刚看了华硕，粉红脸蛋，硬邦邦的，糖度也不够，卖价倒挺好的，10元／千克，但跟昭通的一比，无论外观还是内质都是云泥之别，差距太大了。我看了之后感觉到很震撼，站在我立足西北的角度

刘镇（右）在云南弥勒贾润贵家考察妮娜女王

看，我确实感觉到云南有很可怕的竞争力。"

刘镇用了"震撼""可怕"这些词语来表达他这一趟跟着我走访云南果园的感受，在这之前，他其实并不怎么看好这些少数民族聚集、农耕文化不是特别深厚的产区。

"如果跟上次走江浙一带的果园相比较，你觉得主要差异在什么地方？"我继续问他。在6月中旬，我还陪着他考察了江苏、上海和浙江几家走精致化道路的果园。

"江浙的果园实际上是都市农业的做法，他们的优势是离消费端近，可以通过精细的管理，生产出高品质的果品，然后卖出高价格；而云南这个地方离消费端太远，所以它得做出有特色的、而且是出类拔萃的产品才能远征到其他地方去……但是回过头来说，要真是去传统市场硬碰硬的话，江浙好多果品就失去盈利题材了，拼大市场，你没什么竞争力，成本太高的。"

"土地资源也没有。"我笑着说。

江浙一带尤其是浙江人早就是"追着太阳种西瓜"的职业农民，这次在昭通见到的、种出令我们觉得非常惊艳的华硕（外观惊艳）和红珍珠（口感惊艳）苹果的果园主就是我的老乡，而且是一个从来没有做过农业、从制鞋业转行过来的职业农民。

"对了，土地资源，还有劳动力资源。但反观整个西部产区，一条垂直线，从西南的云贵高原到西北的黄土高原，"刘镇把黄土高原和云贵高原并列为中国水果的黄金带，"这些产区离高端消费者太远，但它又是中国水果的主要产区，从这些产区种，都是有一定规模的、大批量地卖到东部沿海……"

"我感觉云南这个产区是可以为江浙一带的高端消费者直接提供产品，像弥勒的198元一串妮娜女王的主要消费者都是北上广一线城市的，包括会泽的石榴和昭通的苹果，主要消费者都在东部。真正好的东西，我觉得在东部也能卖出好价格的。"

"但是他要承受这种物流成本，还有传播信息的局限性。"刘镇还是强调了物流的成本，还有信息方面的瓶颈。

"这几天很多人问我这个红梨（彩云红）哪里有卖，小苹果（红珍珠）哪里有卖，不断有人加我微信，问联系方式，想买来尝尝看。这对西部来说，特别对云南产区来说，提供一种可以模仿江浙果园做都市农业的形式，把果园建在云南，把小众市场建在东部沿海，通过快递的形式走，我觉得对这边来说是一个契机。"

说完，我又举郭飞家的果园为例，描述了具体的操作方法："通过微信多加一些东部的消费群体，建立高端消费群，然后把妮娜女王和阳光玫瑰搭配做组合装进行销售，我觉得是一种可行的方式。"

"这里有一个问题。"刘镇还是对我提出的模式持怀疑态度："说老实话，如果没有'花果飘香'营造的粉丝群作为纽带的话，郭飞很难在东部沿海找到这么多的好朋友粉丝，这是很难的。对整个云南能做出有特色、高品质的果园来说，如果不甘心走大渠道、让采购商压价的话，他可能有一个折中的选择，就是走电商平台。"

2018年我在中国农业科学院郑州果树研究所第一次尝到华硕苹果,不仅尝过研究所里资源圃的华硕,也尝过从昭通寄过去的华硕——亲妈都认不出的感觉——郑州的华硕个小、色淡、肉质硬,而昭通的华硕个大、色艳、肉脆汁多。选育者阎振立告诉我:这个就是你老乡在昭通种出来的华硕,你得去看看。他说的我的老乡就是郑卫秋,2013年在云南昭通种了上千亩的苹果园。郑卫秋认为,相对夏季高温、温差小的山东、陕西这些苹果主产区,在昭通种早熟品种有明显优势。图为郑卫秋夫妇在云南昭通展示他们种植的华硕苹果。

"这也是一种方法。"为了帮助果农销售,木美土里也做了一个电商平台,但销量并不大,问题也在于粉丝量的缺乏。

"我可以动员《花果飘香》粉丝群中的明星果园主一起来投资,你负责管理,最后的产品根据股份多少按比例分配,通过各个明星果园主的粉丝群进行分销,这样就能解决你们粉丝积累难的问题。"我忽然想到群里的明星果园主都积累了大量的、愿意花高价消费高品质水果的消费群体,如果把这些资源整合在一起,何愁销售,所以跟刘新丽建议道。

"这种模式的瓶颈在于能否投对人?"刘镇还是疑虑道。

"对,关键在你。"我笑着跟刘新丽说。

她笑了笑,没有回答。跟我一样,都还是一种设想和期望:

在西部建果园,种最好的水果;在东部建消费群,卖最贵的价格。

2019年8月11日

五亩换大奔

　　阳光玫瑰确实是一个很有魅力的品种，种上几亩就能把一个人搞得热血沸腾。陕西省渭南市临渭区故市镇三畛村的周晓杰（上图）就是其中一位。

　　2012年，周晓杰从江苏省张家港市神园葡萄大世界的徐卫东那里买了100株阳光玫瑰小苗种在葡萄园中；2013年少量结果，周晓杰第一次尝到如此香甜的葡萄，于是在2014年就把家中5亩维多利亚全部高接成阳光玫瑰。

　　2015年长树，2016年投产。虽然果子好吃，但由于技术不过关，穗形不整，收购商仅给出了4元／千克的价格，脑洞大开的周晓杰就把一串串的葡萄剪成一粒粒放在饭盒中，在微信朋友圈叫卖。一个饭盒装一斤，定价30元，转发积赞有优惠。结果卖得挺火，连做微商的专业团队都找上门来了。最终，5亩地卖了15万元，亩产值3万元。周晓杰用这笔钱把原来的避雨棚改为两连栋的钢架大棚，还买入大量的进口泥炭、木炭、牛粪和秸秆等有机肥，进行土壤改良。

　　2017年，阳光玫瑰在全国大火。周晓杰的5亩阳光玫瑰还没成熟就被微商团队订购一空，净利润68万元。

　　他花了51万元买了一辆奔驰GLC260。

"去年这5亩阳光玫瑰卖了多少钱？"转过一年，我又跑到周晓杰那里。此前，他在微信中告诉我，2018年他在城里买了一套商品房，想必去年的收入颇丰。

"去年5亩地大概卖了90多万元。"周晓杰是迟疑了一会再回答我的，仿佛在核算具体的数据。"我卖葡萄跟别人不一样，像我三叔去年3亩地卖了40万元，一次性付款，包园价；我是卖了一个多月才卖完的，这一个月的时间天天都在收钱，天天都在付钱，还有各种花销，所以我的效益是没有准确数据的，只能大概了。"

"你分几个等级卖的？肯定有不一样的价格吧？"我有点怀疑这个收益的准确性，所以问了一个不可能"大概"的价格问题。

"分3个等级。第一个是整穗卖的，298元一盒两穗；第二个是来现场采摘的，100元一穗，这个其实跟第一种是一样的，298元两穗除去包装和快递费，核到果子的价格也差不多是100元一穗。这部分果子都是园子里最好的，大概能占总量的一半。"周晓杰介绍说。

"什么标准？"

"单穗重在一斤半左右，外观一定要漂亮，拿在手里像工艺品一样的感觉，好吃反而放到第二位……"

"这部分的消费群体主要是哪些？"我其实是明知故问，首先强调外观的果品基本上是用来送礼的。

"全国各地都有，有的是美国留学回来的，有的是从广州飞过来的，他们现场看了以后，定下数量，打包之后，就在我家里通过顺丰直接快递给全国各地的朋友。"

"那其他部分的价格呢？"

"剩下的就剪粒卖了，一盒大概8两，6盒装

上）单穗装的阳光玫瑰
下）剪粒装的阳光玫瑰

的258元，4盒装的198元。这个也全部是网上卖的。也就是说我的园子里，除了穗，就是粒，没有其他产品了。好的全部卖穗，凡是不能卖穗的全部卖粒。"

"就你这两年的市场反馈来说，卖穗和卖粒，哪种方式更受消费者喜欢？"我对葡萄卖粒这种新形式颇感兴趣。

"我感觉喜欢粒的越来越多。那些开始都不愿意要粒的人，当体验过一两次之后，他只要粒不要穗，粒和穗吃到嘴里是一样的，而且粒更实惠，更方便，更耐贮运。我去年发了4 000多件粒装的，没有一件出现售后问题，这也说明这种销售模式更适合于网络。"

"如果这种销售方式受消费者欢迎，我们在整穗的过程中不是可以简化吗？不用做得这么……"

"不行不行。"没等我说完，他就翻出手机中的作业照片跟我说："粒装的采后环节太费人工了，每一粒都要剪下来，还要用盒子分拣包装，剪粒是不得已而为之。"

"噢！"我只想到了整穗的人工，没想到采后的人工。

很多人都会聊品牌，但能聊得如此有激情、有层次、有目标的，在农业界非周晓杰莫属。

他可以聊上一整天的品牌梦"5亩地，1万穗，打造中国知名的葡萄品牌"，而且不是光说不做，目前他注册的品牌就有"含之""含之蜜"和"含之蜜语"，而且是全品类注册。3个品牌又是分层次的，相当于从精装版到普及版。我没记住哪个是精装版，哪个是普及版，只记住了"含之"是他女儿的名字，"语（宇）"是他儿子的名字。

"你觉得在5~10年内，品牌的重要性能不能体现出来，或者说能不能体现出经济价值？"在我的认知中，中国果业还处于从品种到品质的发展过程中，离成熟的品牌化发展尚有相当长的距离。

"我已经享受到了品牌的红利，我的奔驰车，我的商品房，包括这么多朋友。"周晓杰激动地说："我是从原来的一无所有到今天的……"

"这些是品牌带来的效益，还是品质所带来的效益？"我倒是很认可他的品质，我没尝过他的阳光玫瑰，但在外观品质上是我在国内见到过的最好的产品。

"我认为，这么多年来，国际上对中国制造的怀疑，甚至于到后来，中国人都在怀疑中国人的产品，根源就是中国缺少自己的品牌……品牌就是我的梦想，我为了这个梦想而奋斗，为了这个品牌而努力。而这个过程中所有的获得，不管是心理的，还是物质的，都是因为我们有品牌梦……"

"我们先把这个抛开，"我最不喜欢听这种全真空话，于是就打断了他的"品牌

梦"，问了一个实际问题："假如当时没有去推'含之'或'含之蜜'这些品牌，但还是有这样的品质，还是卖这么高的价格，你觉得结果会有差别吗？"

"差别很大，没人要的。我赋予产品品牌生命后，它才有这么大的力量。如果它没有生命，没有力量，我最好的品质别人只出4元/千克。"他的脑海里深刻着2016年他第一次出产阳光玫瑰时经销商给他出的价格。那年，阳光玫瑰还没有"火"。

"那时候品种本身的价值还没呈现出来。另外，你当时的品质也是有问题的，因为稀拉果（指果穗上的果实稀而少）嘛。"我提醒了他。

"对对对，但是我认为那一年的内在品质是最好的……"

"可以这么讲吧，"我帮他梳理了一下前因后果："那一年实际上是品种的价值没体现出来，到第二年即使稀拉果也可以卖好价格的。"因为到了2017年，阳光玫瑰就火了。

"对对对……"周晓杰说了一大串的"对"字。

"我问的意思是，你的最终效益，包括前年的60多万元和去年的90多万元，这里面是品质呈现的成分多，还是品牌呈现的成分多？"

"嗯……"周晓杰迟疑了一下，把思路从原先他惯用的"大道理"切换到我提出的"小问题"："我认为我卖60万元的时候，品种的贡献占比不大，倒是今年云南130元/千克的价格，我觉得主要是品种的功劳，谈不上品质，谈不上品牌，是阳光玫瑰这个品种才造就了这个价格。"

"还有产季的因素，这个季节只有云南有，其他地方没有。"我再一次提醒他。

"对，还有这几年阳光玫瑰热的延续，去云南收果子的商人，不管它好不好吃，只要是阳光玫瑰，就给它高价。"虽然他说得夸张，但今年云南前期的行情确实有这种情况，最差的阳光玫瑰果实收购价格都高于最好的夏黑。

"但是我在2017年卖60多万元到2018年卖90多万的时候，品种的贡献不大，是品种、品质和品牌三者共同造就的效益。最近我们正在策划一种新的销售模式，我们会在这段时间根据客户的需要，做一个小牌子，写上收件人姓名和祝福语，再把小牌子系在果梗上，等果子长大后小牌子在外面就看不出来了，等吃完之后，哇！里面居然还有一句朋友的祝福……我们想把这种新产品的价格提高到598元（一盒，两穗）。"

"这个想法倒蛮有意思，有点私人定制的感觉！"我夸赞道。我见过葡萄里面夹二维码的，却是第一次听说暗藏祝福语的。"接受这么高价格的顾客会多吗？"我追问道。

"这个不在于量，就是因为东西太多了我才提价的。因为你要与众不同，哪怕卖不了多少，其他部分我用另外的方式销售，包括走市场，我认为都是值得的。像去年我有一小部分不太好的，就让渠道打包拿走了。"周晓杰说。

周晓杰和他的女儿"乐乐"

周晓杰（左2）和采购商在聊阳光玫瑰的行情变化

"给渠道什么价格？"我眼睛一亮，他还是第一次跟我透露有"暗度陈仓"的销售渠道。

"60元／千克。"周晓杰说："如果用我的品牌卖不出去，可以通过渠道卖掉，走批发，但这个价格就不能用自己的品牌，否则会砸掉自己。"

"那意思就是说，如果没有品牌的话，这些阳光玫瑰就只值60元／千克，加上品牌之后就可以卖到……"

"是这样的，如果去年的产值按60元／千克的价格算的话，我能卖60万元。"

"品牌差不多增加了30万元。"

"对，如果客商进我园子收购的话，也就是60多万元。"周晓杰重复了一遍。

"这个30万元我觉得也不是单一的品牌因素增加的，客商他还有利润。"我忽然想到批发与零售之间的价格差。

"对！对！对！"周晓杰也意识到了这一点。

"你的60万元和90万元相当于你自己卖的零售价，那品牌的效益没有30万元，可能还要减掉一大半。"

"对！对！对！"

"今年5亩阳光玫瑰的效益还能更上一个台阶吗？"我继续问道。从15万元，到60万元，再到90万元，尽管我对这个数据的准确性持怀疑态度，但是也期望他能不断上演奇迹。

"不可能了。"周晓杰摇了摇头说："因为有些东西需要天时、地利、人和相互配

269

合的，如果没有遇到风口，我也不可能有60万元、90万元。我今年的期望值是能达到前年的60多万，就可以了。"

"你的意思是这波阳光玫瑰的风口马上就要过去了？"

"对！我认为从去年的120元／千克到今年的130元／千克（云南产地最高价）是一个顶峰，过后它一定会出现大的变化，因为后面的农民对价格的期望值会很高，这样就会造成渠道商没钱可赚，当渠道商不赚钱、没人要的时候，你想后果会是怎么样……"

"你觉得你三叔今年的价格会比去年低？"我抛开周晓杰总有点算不明白的账，问了一个走常规市场的价格。

"我认为不可能达到去年的价格，依我对市场的判断和估计，今年他一亩地卖到10万元就可以笑了。至于他满不满意我不知道，毕竟种植面积越来越大了。"

"对阳光玫瑰今后的走势怎么看？"

"在3～5年之内这个产品会趋于平稳。但是市场的消费空间依然巨大，因为阳光玫瑰的综合品质目前优于其他品种，而且现在还仅是一线城市的高

端人群可能吃过，还有很多中产阶级只是听过其名没有尝过其味的。中国虽然还是发展中国家，但却是世界上有钱人最多的国家，中国有2亿的有钱人，所以未来会有598元两穗的品牌零售价出现，但一定不会有130元／千克的收购价出现，因为品牌和渠道是两个概念。"

不管周晓杰的品牌梦能否成真，他和阳光玫瑰都已经创造了中国果业的奇迹，为整个葡萄行业带来了新的活力。但对于后续的追梦者来说，我觉得"五亩换大奔"是一个很容易惊醒的美梦，倒是周晓杰以品牌为梦想，从品种到品质，再转型服务的经营模式值得借鉴。

2019年6月10日

50亩的上限

"五亩换大奔"的财富效应给周晓杰（右二）带来了无数的学习者，从2019年开始，周晓杰顺势而上，把重点转移到技术服务上，每亩地收3 000元服务费，提供全套技术和部分生产资料，并通过微信群的形式即时解答客户所遇到的各种问题。当我问他为什么不通过扩大生产面积来获得更多的利润、实现自己的品牌梦，而是走上了技术服务的道路时，他的答应是：葡萄要想种好是靠人力做出来的，不能机械化作业，而且人力在整个管理过程中会出现各种各样的问题，一旦面积超过50亩就完全不可控了，所以，通过扩大面积获得利润这条道路，风险非常大。他的服务对象的面积上限也设定在50亩。图为周晓杰和他的团队。

除了周晓杰的"5亩换大奔",在我走访过的果园主中还有好几位的亩产值能达到10万元以上。比如凤凰佳园的颜大华,如果单纯按金霞油蟠的种植面积来核算的话,他的亩产值也能够很轻松地超过10万元;又比如贾润贵和郭飞家的妮娜女王,2.5亩地卖了27.5万元;还有最早把红美人和甘平引到国内的顾品,他32亩红美人2016年卖了350万元。所以在国内,像这种高效益的果园在《花果飘香》这个群体里还是蛮常见的,这是一种很可喜的现象。

然后我们就来分析一下他们有什么共性。不是说别人种了阳光玫瑰、种了红美人挣了多少钱,我也跟着种,我们要先探讨他们为什么能够达到这么好的效益。在《100元一个的橘子》这篇文章中,我在文章最后罗列了顾品能取得成功的三大要素:新品种、高品质、高定价,这里再加两大要素:小规模、好营销。

新品种

红美人也好,甘平也好,都是顾品最早从日本引过来的。如果是常规品种的话,想卖高价的难度会非常大,消费者会有一种求新的消费欲望,更愿意为新奇特的产品付高价。经常听到有人在否定一个新品种时说"没有本来的味道",其实本来的味道只是一个人习以为常的味道,比如吃惯了巨峰葡萄,就会认为酸酸甜甜才是葡萄的味道,其实刚好相反,但凡保留所谓的本来味道的品种一般都是泛泛之辈,反倒是那些具有"颠覆性"的新品种才有异军突起的可能。香香甜甜的阳光玫瑰便是明证。

高品质

　　光新还不行，还要有不同寻常的品质支持。除了周晓杰的阳光玫瑰，还有顾品的红美人，最初大家的评价都是"惊艳"，当然现在这种感觉是没有了，"惊艳"一般是第一眼看到，或者第一口尝到才有的感觉。甘平在2017年卖100元一个的时候，前期的口感并不理想，但当我在4月份吃到最后一个的时候，口感就非常好了，香甜浓郁有爆汁感，符合日本人对这个品种的至高评价，所以我对这个品种还是充满期待的。还有颜大华的金霞油蟠和郭飞的妮娜女王，都是被列入"极品水果"的行列，所以"高品质"是一个硬杠，是承前启后的关键。

高定价

　　刚才浙江嘉兴的徐云林拿了他的太秋甜柿，跟我说这个品种如果卖10元/千克的话会很好销。这个品种的品质我也是非常认可的，但从新产品的推广来说，我觉得定价偏低了，就像当初的红美人，如果定价是10元/千克，它就不会火起来。10元/千克的定价就相当于你给这个产品贴了一个常规产品的标签，而高定价就是定义这个高品质的新产品，是这个行业中顶尖的产品，就是要把标杆价格竖起来，从价格上给大家一个潜意识：你的产品是最好的。

　　像今年郭飞的妮娜女王卖198元一串，就让很多人吃出仪式感来，比如江苏南京的王桂涛拿到这串葡萄后，就想着要和自己的同事和朋友一起来分享，每人"赏"一颗，大家就觉得是一件很荣幸的事情，就会对这个产品留下深刻的印象。所以，"高定价"实际上是一种营销策略。必须强调，"高定价"一定要建立在"高品质"的基础之上。否则，恰得其反。

小规模

　　周晓杰在解答为什么最后选择技术服务而不是通过扩大面积来提高效益的原因时，就提到，种植葡萄一旦面积超过50亩就完全不可控了；贾润贵也说过：想要精品果，就必须控制你的面积。你虽然有技术，但是面积一大，管理跟不上，产品质量就得不到保证，带来的后果就是效益反而会下滑。就像颜大华一直跟我讲的，他种50亩能挣100万元，种100亩估计也能赚100万元，但是种200亩说不定只能赚50万元了。所以，如果做精品、卖高价的话，一定要把面积控制住。

好营销

　　对有好产品的小果园来说，分享就是最好的营销手段，像颜大华的来客试吃，像枚青的展会试吃，都是最直接、最简单、也是最有效的方法。反倒是一些农业企业投入大笔资金，做一些品牌策划，讲起来很漂亮，但是最后落地的实际效果并不好。

　　除了产品分享，还要重视信息分享。我们群里有一个叫马兴伟的，他的微信名是"马兴伟蜜桃国庆熟＋他的电话号码"，他在桃子成熟的时候天天在我的文章后面留言，他告诉我，通过留言卖了好多桃子。这个就是信息分享。

　　还有"赤焰"的吴智，他起步的时候也采用这种方法，他留言不是为了卖产品，就是让人家知道有吴智这个人在种软籽石榴，因为经常留言，而且经常被置顶，所以就容易被大家关注。从关注

一个新模式：在西部建果园，种最好的水果；在东部建消费群，卖最贵的价格。所以，"五亩换大奔"的关键还在于你有没有与你的面积相匹配的、能支撑"高定价"的消费人群，以及把产品卖给这些高消费人群的营销能力。

如果具备这些要素，那"五亩换大奔"的高效益果园的目标大家就都可以实现。

人进而关注到产品。包括像枚青一样经常在朋友圈发些农场的照片和源自生活的（打油）诗。

所以，我们应该把这些简单的、低成本的营销技巧先做起来。就一些小的细节，不费什么成本，关键要有心去做这些事情。

刚才我在解读"你的朋友圈有多大，你的特色果业才能做多大"时，就问过大家的微信好友有多少个人，结果郭飞说只有几百个人。如果郭飞在东部有大量的土豪朋友，像枚青一样，每次展会过来给大家免费品尝，再发发小广告，能够在东部建立消费群的话，那么今年新发展的60亩妮娜女王，以后就同样能卖到这么好的效益。

这就是我今年8月份在云南提出的

枚青的销售策略

阿基米德说：给我一个支点，我就能撬动地球。枚青说：给我一把水果刀和一箱桃子，我就可以让一个陌生城市都吃我家的桃子。2019年第十二届亚洲果蔬产业博览会召开期间，枚青从山东威海带了25千克的桃子只身来到上海，在展会上蹭了一张桌子，拿着一把水果刀给路过的参会人员免费品尝她种出来的糖度20%以上的桃子，一场展会下来，新增了400多个微信好友。她说，这400个人明年都会卖我的桃子，通过这400个人的辐射，就能把整个上海的市场打开。做营销，关键要"脸皮厚"，最好能"不要脸"。

联系电话：138 6399 9513

空中草莓园

这里的草莓悬空而挂，一颗颗草莓从绿色的叶蔓中倒垂下来，排成一条线，有粉红的，有淡白的，有鲜红的……远远望去，仿佛一条条生产草莓的流水线。一抬头，一伸手，便能摘到娇艳欲滴的草莓。这片"高大上"的空中草莓园占地面积40亩，是台州绿沃川农业有限公司于2017年投资2 500万元的，从国外引进连栋智能温室和悬挂式可升降空中草莓滴灌栽培技术建造而成，从温室育苗、培植到开花结果等过程，全部采用立体上下移动种植模式。

图书在版编目（CIP）数据

五亩换大奔 ：新时代中国果业的变革与实践/清扬
著．—北京：中国农业科学技术出版社，2020.3
ISBN 978-7-5116-4622-4

Ⅰ.①五… Ⅱ.①清… Ⅲ.①果树业－产业发展－中国－
文集 Ⅳ.①F326.13-53

中国版本图书馆CIP数据核字（2020）第029491号

责任编辑	闫庆健　王思文　马维玲
责任校对	贾海霞
出 版 者	中国农业科学技术出版社
	北京市中关村南大街12号　邮编：100081
电　　话	(010) 82106625（编辑室）　(010) 82109704（发行部）
传　　真	(010) 82106625
网　　址	http：//www.castp.cn
经 销 者	各地新华书店
印 刷 者	北京建宏印刷有限公司
开　　本	787mm×1092mm　　1/16
印　　张	18
字　　数	330千字
版　　次	2020年3月第1版　2020年7月第2次印刷
定　　价	198.00元